博士文库

海洋古生物纯信龙类
新属种及其系统学研究

马乐天　著

海洋出版社

2015年 · 北京

内 容 简 介

本书对贵州兴义中三叠统海相地层中发现的纯信龙次亚目新属种进行了系统描述，全面论证了其区别于纯信龙次亚目其他属种的鉴定特征，进一步研究了纯信龙次亚目的系统学问题，用新的视野和观点论述了其内部谱系关系。本书的出版，起步于作者在北京大学就读期间，在江大勇教授指导下，对海洋古生物纯信龙的研究及在贵州实地的野外考察挖掘工作；2015 年完成于国家海洋局第二海洋研究所，得到了研究所及国家海洋局海底科学重点实验室的鼎力支持。本书的研究成果，引起海内外相关学者的重视，2015 年 1 月出版的《Journal of Vertebrate Paleontology》杂志，发表了相关论文，并在封面刊登了新属种的复原图。

图书在版编目（CIP）数据

海洋古生物纯信龙类新属种及其系统学研究/马乐天著. —北京：海洋出版社，2015.9

ISBN 978 -7 -5027 -9241 -1

Ⅰ. ①海… Ⅱ. ①马… Ⅲ. ①海洋生物学 - 古生物学 - 爬行纲 - 研究 Ⅳ. ①P736.22②Q915.864

中国版本图书馆 CIP 数据核字（2015）第 220707 号

策划编辑：苏 勤
责任编辑：王 溪
责任印制：赵麟苏

海洋出版社 出版发行

http://www.oceanpress.com.cn
北京市海淀区大慧寺路 8 号 邮编：100081
北京朝阳印刷厂有限责任公司印刷 新华书店发行所经销
2015 年 9 月第 1 版 2015 年 9 月北京第 1 次印刷
开本：787mm×1092mm 1/16 印张：9
字数：180 千字 定价：36.00 元
发行部：62132549 邮购部：68038093 总编室：62114335

作者简介

马乐天,1986 年 12 月出生于浙江绍兴。2005 年至 2009 年就读于中国地质大学(北京)地球科学与资源学院,获学士学位。2009 年至 2014 年就读于北京大学地球与空间科学学院,期间曾赴美国菲尔德自然博物馆进行联合培养,获博士学位。2014 年 7 月北京大学毕业后,就职于国家海洋局第二海洋研究所,从事海洋地质研究工作。就学期间及毕业后,先后在《Journal of Vertebrate Paleontology》、《地球科学》等期刊发表论文多篇。

前　言

海生爬行动物是二叠纪末期生物绝灭之后，海洋生态系统恢复过程中陆生爬行类向海适应的一些类群。海生爬行动物在三叠纪早期出现，三叠纪中期迅速分异，三叠纪晚期和其后的侏罗纪、白垩纪成功占领海洋，成为海洋的“霸主”。最终它们中间的大部分类群，在白垩纪末期大绝灭中绝灭了，只有少数类群演化至今，如海乌龟、海蛇、海蜥蜴、海鳄鱼。地质历史时期的海生爬行动物多样性远较现生的要多样，且数量丰富，鳍龙类是其中的重要分支。

中国的海生爬行类研究开展得较晚，始于1958年我国脊椎动物的奠基人杨钟键先生对发现于贵州兴义顶效绿荫村中三叠世法郎组竹杆坡段中的胡氏贵州龙(*Keichousaurus hui* Young, 1958)的描述命名。其后，在1999年之前，又陆续在湖北南彰、广西武鸣、云南泸西、贵州仁怀—清镇—三桥、安徽巢县和西藏定日等地的海相三叠系中发现了零星的化石，并进行了描述、报道(Rieppel, 1998,1999a;李锦玲等,2002)，但未引起科学界的广泛关注。自1999年以来，随着我国贵州关岭、盘县以及云南罗平、富源等地中－晚三叠世地层中，含完整精美、数量丰富、分异度高的海生爬行类并伴生海生无脊椎动物的化石群的发现，我国海生爬行类的研究进入了一个新的阶段，受到国际学术界的高度关注，逐渐成为古生物学领域的一个研究热点。中国三叠纪海生爬行动物群地理分布广泛，地层分布连续且完整，自三叠纪早期至晚期，构成了完整的序列，与二叠纪末生物大灭绝后，生物圈复苏、辐射发展的各阶段相对应，可以作为探讨该过程以及海生爬行类早期起源、分异研究的重要素材。

纯信龙次亚目(Pistosauroidea)是鳍龙超目的重要分支,三叠纪纯信龙类更是探寻繁盛于侏罗纪、白垩纪海洋的蛇颈龙类在三叠纪如何起源的重要线索。然而,与其他三叠纪鳍龙类材料相比,纯信龙类化石稀少,且大多未保存完整个体,同时,纯信龙次亚目内部的谱系关系存在争议。因此,对三叠纪纯信龙类完整化石的发现与研究显得格外重要。

本文系统描述了产自贵州兴义中三叠统拉丁阶法郎组竹杆坡段地层的纯信龙次亚目新材料短吻王龙(*Wangosaurus brevirostris* Ma et al., 2015),并与我国和北美地区其他三叠纪纯信龙类的标本进行了对比,提出了其区别于纯信龙次亚目其他属种的鉴定特征;同时,结合短吻王龙的四肢形态对三叠纪纯信龙类四肢形态对比展开讨论,并对绿荫顶效龙(*Dingxiaosaurus luyinensis* Liu et al., 2002)进行再研究。本文对纯信龙次亚目系统学进行初步研究,明确其内部谱系关系。此外,本文对研究材料产地的地层层位按照自然层精度进行描述,也对化石产地的海生爬行动物化石层位分布、面貌组成进行了探讨。

依据对标本的详细观察、测量,提出短吻王龙(*Wangosaurus brevirostris*)不同于纯信龙次亚目其他属种的鉴定特征:顶孔后移至顶骨平台强烈收缩所形成的矢状嵴后端;上颞孔长度与眼眶长度的比率为3.1;上枕骨水平保存且低于顶骨;外枕骨与耳骨呈板状,不存在后外侧向延伸的副枕突;颈椎数目至少33枚;腕骨5枚;跗骨4枚;后肢趾式为3(?)-3-4-5-5。短吻王龙符合纯信龙次亚目的鉴定特征,但同时具有与幻龙属(*Nothosaurus*)十分接近的特征。

依据对绿荫顶效龙的详细观察并与其他纯信龙类材料进行对比,其7枚跗骨、多趾式的特征表明其很可能属于纯信龙类。同时,标本的腓骨外缘较平直、腓骨与胫骨接近等长、腓骨近端与远端等宽特征及跗骨和跖骨排列方式与云贵龙(*Yunguisaurus*)成年个体的后肢十分相似。由于绿荫顶效龙标本仅保存两后肢，缺乏其他更有意义的鉴定特征，此分类单元是否成立需要更完整的解剖学信息。

综合前人的研究成果，并结合近年来报道的三叠纪纯信龙类新材料，本文重新进行了三叠纪鳍龙的分支系统学分析。严格合意树确认了短吻王龙属于纯信龙次亚目，后者内部谱系关系简化的表达式为（*Wangosaurus*，（*Yunguisaurus*（（*Pistosaurus*，*Augustasaurus*），（*Bobosaurus*，*Plesiosaurus*）））），并明确了各分类单元的定义。此外，本文与前人研究成果的一个重要区别是北美早三叠世奥伦尼克期的 *Corosaurus* 和欧洲中三叠世早安尼期的 *Cymatosaurus* 的分类位置的变化：二者仍构成姐妹群，但属于幻龙次亚目（Nothosauroidea）。

本书的出版，首先要感谢我的博士论文导师北京大学地球与空间科学学院江大勇教授对我的谆谆教导，感谢国家海洋局第二海洋研究所、国家海洋局海底科学重点实验室对本书出版的资助和对我工作的支持，感谢美国芝加哥菲尔德自然博物馆 Olivier Rieppel 教授的指导和无私帮助。感谢北京大学郝维城教授、孙作玉副教授对我的帮助，感谢海洋出版社编辑的辛勤劳动。同时，我要感谢多年来给予我关心、支持的所有人。

由于作者水平所限，书中恐有错漏之处，谨请各位专家批评指正。

马乐天

2015 年 9 月 29 日

目 录

第1章 绪 论

纯信龙次亚目(Pistosauroidea)是鳍龙超目的重要分支,三叠纪纯信龙类与繁盛于侏罗纪、白垩纪海洋的蛇颈龙类关系密切,是探寻蛇颈龙类在三叠纪如何起源的重要线索。三叠纪纯信龙类化石材料从早三叠世奥伦尼克期到晚三叠世卡尼期均有发现,分布于西特提斯、东太平洋和我国华南三大生物区系(Rieppel, 1999a)。

自 Meyer(1839)报道了产自德国盆地中三叠统上安尼阶 *Pistosaurus* 的材料以来,对其已有百余年的研究历史。然而,与其他鳍龙类材料相比,三叠纪纯信龙次亚目化石稀少,目前已报道的8个属大多未保存完整个体。从形态学的角度看,化石大多未保存完整的头后骨骼,尤其是四肢材料零散而破碎,不利于三叠纪纯信龙次亚目四肢形态对比和演化的详细研究;从分类学的角度看,欧洲和北美地区的属种多基于不完整的标本而建立,多数模式标本仅保存头部骨骼;从分支系统学的角度来看,可提取性状的不足,尤其是头后骨骼信息的缺乏,导致其内部谱系关系一直存在争议。因此,更多三叠纪纯信龙完整个体的发现与系统研究显得尤为重要。

近年来在我国西南地区三叠纪地层中发现了大量保存完好的鳍龙类化石,其中3个属与纯信龙类关系密切。其中两件较破碎的标本属于东方广西龙(*Kwangsisaurus orientalis*)和宋氏清镇龙(*Chichenia sungi*),分别出自广西武鸣下三叠统奥伦尼克阶和贵州清镇中三叠统拉丁阶地层(杨钟健,1959, 1965;Rieppel, 1999b)。发现自贵州兴义及其临区云南富源中三叠统拉丁阶法郎组竹杆坡段地层的李氏云贵龙(*Yunguisaurus liae*)化石是首件保存完整的三叠纪纯信龙次亚目化石材料,其形态学信息得到了完整的揭示,同时也给纯信龙内部的谱系关系带来了新的挑战(Cheng et al., 2006; Sato et al., 2010, 2013; Zhao et al., 2008)。

针对以上问题,首先,本文将以一件出自贵州兴义中三叠统拉丁阶法郎组竹杆坡段地层的完整保存的纯信龙类材料为研究对象,对其进行详细的形态学、分类学研究,以明确其鉴定特征,并丰富三叠纪纯信龙类的形态学信息。第二，对贵州中三叠统拉丁阶杨柳井组地层中的一对纯信龙类四肢材料——绿荫顶效龙（*Dingxiaosaurus luyinensis*）进行再研究，并结合我国近年来报道的三叠纪纯信龙类材料，对三叠纪纯信龙次亚目的四肢形态进行详细比较。第三，在对比观察我国和北美地区三叠纪纯信龙化石材料的基础之上，综合前人研究成果，进行纯信龙次亚目系统学研究，进一步明确其内部谱系关系，并明确各分类单元的定义。此外，本文研究的短吻王龙（*Wangosaurus brevirostris*）出自中三叠世拉丁期兴义动物群，文中也对兴义动物群的海生爬行动物化石层位分布、面貌组成进行了讨论。

第2章 三叠纪纯信龙次亚目的研究历史及存在问题

纯信龙次亚目(Pistosauroidea)属于真鳍龙亚目,该分类单元的成员包含仅分布于三叠纪地层中的干群纯信龙类和分布于侏罗纪、白垩纪地层中的冠群蛇颈龙类(Rieppel, 2000)。目前已报道的三叠纪纯信龙类化石最早出现于早三叠世晚期,在中三叠世安尼期、拉丁期成为在东、西特提斯和东太平洋生物区均有分布的鳍龙类群,最年轻的分子出自上三叠统卡尼阶地层(杨钟健,1959,1965;Case, 1936; Cheng et al., 2006; Dalla Vecchia, 2006; Fritsch, 1894; Meyer, 1839; Sander et al., 1997)。

三叠纪纯信龙类目前有效命名8个属,其中北美地区的 *Corosaurus* (Case, 1936)和我国华南的广西龙 *Kwangsisaurus*(杨钟健,1959)出自早三叠世晚期,是目前为止最古老的三叠纪纯信龙次亚目化石。中三叠统下安尼阶地层中,发现有出自欧洲德国、荷兰、奥地利、波兰等地的 *Cymatosaurus* (Fritsch, 1894)材料。出自美国的奥古斯塔龙 *Augustasaurus* (Sander et al., 1997)和德国的纯信龙 *Pistosaurus* (Meyer, 1839)发现于中三叠统上安尼阶地层。目前报道的中三叠世拉丁期纯信龙类材料均出自我国,包括贵州兴义动物群的云贵龙 *Yunguisaurus* (Cheng et al., 2006)和贵州清镇的清镇龙 *Chinchenia* (杨钟健,1965)。最年轻的三叠纪纯信龙次亚目化石材料是意大利晚三叠世卡尼期的 *Bobosaurus* (Dalla Vecchia, 2006)。

西特提斯区目前报道的三叠纪纯信龙次亚目化石有3个属,最初发现于德国南部的化石材料为两具头骨(Rieppel and Hagdorn, 1997):其中一具头骨由 Meyer(1839)描述并命名为朗格纯信龙 *Pistosaurus longaevus*;另一具头骨由 Meyer(1847—1855)命名为 *Pistosaurus grandaevus*。但后者头骨已丢失,只保存有模型。随后,在欧洲中部地区中三叠统下安尼阶地层中有更多纯信龙类材料的发现。Fritsch(1894)依据出自德国下安尼阶地层中的材料定义了 *Cymatosaurus* 属,描述并定义了该属的模式标本 *C. fridericianus*。该属共有四个种,均出自下安尼阶地层,除模式种外,还包括出自波兰的 *C. lati-*

frons，出自德国东部的 *C. minor* 和出自奥地利的 *C. multidentatus*（Rieppel，1997a；Rieppel and Werneburg，1998）。由 Huene（1944）命名的 *C. erythreus* 包括吻部和顶骨的碎片，后被厘定为 *Cymatosaurus* sp.（Rieppel，1997a）。Sander（2014）对荷兰下安尼阶地层中的鳍龙类头后骨骼进行形态学和组织学研究，将其归为 cf. *Cymatosaurus*。目前最年轻的三叠纪纯信龙次亚目化石材料 *Bobosaurus forojuliensis* 保存头后骨骼和吻部碎片，由 Dalla Vecchia（2006）描述并命名，被认为与蛇颈龙类关系非常密切（Fabbri et al.，2013）。

东太平洋区早期发现的三叠纪纯信龙次亚目化石材料保存有不完整的头骨以及零散的头后骨骼，Case（1936）将其命名为 *Corosaurus alcovensis*，并归入幻龙科 Nothosauridae。但是，与其他幻龙类材料相比，*Corosaurus* 具有一些更进化的特征，与蛇颈龙相近，比如开放的枕部结构（后颞孔较大），较高的颞区（temporal region），较长的横突，乌喙骨较大、且内缘无明显收缩，耻骨较大、前端明显扩展等，Rieppel（1998）将其归入纯信龙次亚目。Sander（1997）研究报道了北美地区三叠纪纯信龙次亚目的另一件材料——出自内华达州中三叠统上安尼阶地层的 *Augustasaurus*。Rieppel 等（2002）根据 *Augustasaurus* 鼻骨缺失、鳞骨构成“盒状悬器”（box - like suspensorium）等高度进化的特征，认为它与 *Pistosaurus* 构成姐妹群，并且二者又与蛇颈龙 *Plesiosaurus* 构成姐妹群。

西特提斯和东太平洋区的三叠纪纯信龙类化石已有百余年的研究历史，然而，与其他鳍龙类化石相比，它的材料稀少，且属种大多基于非常不完整的标本来建立。比如 *Pistosaurus* 属和 *Cymatosaurus* 属的四个种均基于头部骨骼建立，头后骨骼仅零星保存；而 *Bobosaurus* 属的标本为散开的头后骨块，头部仅保存吻部碎片，缺乏完整的头骨形态学信息。正因为如此，三叠纪纯信龙内部的分类学研究一直存在争议。比如 *Corosaurus* 和 *Cymatosaurus* 的分类位置，二者又是否构成姐妹群关系（Storrs，1991；Rieppel，1998，2000；Fabbri et al.，2013）。此外，由于欧洲和北美地区三叠纪纯信龙类化石材料均未保存完整的四肢，使得对其四肢形态比较和演化方式的研究无法进行，不利于探寻冠群蛇颈龙类适应远洋生活的桨状肢的起源。

由此可见，作为鳍龙类干群向蛇颈龙演化过程的重要环节，对三叠纪纯信龙次亚目形态学、分类学等方面的研究将为探寻蛇颈龙在三叠纪如何起源提供重要信息。但较少出现的化石材料及其保存的不完整性，不利于研究的深入进行。

杨钟健(1958)报道的我国贵州兴义中三叠统拉丁阶地层中的胡氏贵州龙 *Keichousaurus hui* 揭开了我国三叠纪海生爬行动物研究的序幕。20 世纪 90 年代以来,随着安徽巢湖、贵州关岭、兴义、盘县以及云南罗平、富源等地三叠纪地层中,含完整精美、数量丰富、分异度高的海生爬行动物群的发现,我国海生爬行动物的研究进入了一个新的阶段,受到国际学术界的高度关注,逐渐成为古生物学领域的一个研究热点(江大勇等,2011;Li, 2006)。鳍龙类化石在我国西南地区海生爬行动物群中分布广泛,自早三叠世奥伦尼克期至晚三叠世卡尼期均有分布,化石保存精美完整、分异度高(李淳,2000;李锦玲和奥利维尔·瑞博尔,2004;李锦玲等,2002;刘冠邦等,2002;杨钟健,1958,1959,1965a; Cheng et al., 2006, 2012; Holmes et al., 2008; Ji et al., 2014; Jiang et al., 2006a, 2006b, 2008a, 2008b, 2014; Li and Rieppel, 2002; Lin and Rieppel, 1998; Liu et al., 2011; Ma et al., 2015; Rieppel, 1998, 1999b; Sato et al., 2010, 2013; Shang et al., 2011; Zhao et al., 2008, 2009)。

其中,在贵州兴义、云南富源中三叠统拉丁阶杨柳井组和法郎组竹杆坡段、贵州清镇中三叠统拉丁阶和广西武鸣下三叠统奥伦尼克阶地层中发现了多件纯信龙次亚目化石材料,并建立了多个属种名称:东方广西龙 *Kwangsissaurus orientalis* Young, 1959;宋氏清镇龙 *Chinchenia sungi* Young, 1965;绿荫顶效龙 *Dingxiaosaurus luyinensis* Liu et al., 2002; 李氏云贵龙 *Yunguisaurus liae* Cheng et al., 2006。

宋氏清镇龙 *Chinchenia sungi* 所依据的材料为分散保存的骨骼,Rieppel (1999b)根据背椎横突远端扩展等特征将其归入纯信龙次亚目,并认为它与 *Corosaurus* 有相似之处,比如前端齿骨牙齿较大、下颌愈合部较短、背肋后端有一凹槽。东方广西龙 *Kwangsissaurus orientalis* 的化石保存右前肢、乌喙骨、肩胛骨等头后骨骼,但在发掘和修理过程中受损,Rieppel(1999b)依据包括横突远端扩展、乌喙骨呈板状等特征,同样将其归入纯信龙次亚目。由于这两件标本保存非常破碎,可提取的性状很少,因此,对鳍龙分支系统学分析的稳定性影响较大。绿荫顶效龙 *Dingxiaosaurus luyinensis* 的命名建立在一对后肢的基础之上,刘冠邦(2002)认为它是早期海生爬行动物进化的一个比较原始而孤立的新种类,不能归入已知鱼龙和蛇颈龙类的任何科中,建立顶效龙科，暂时归入鱼龙目。Cheng 等(2006)认为它可能是纯信龙类化石，由于三叠纪纯信龙次亚目四肢标本保存均不完整，无法将绿荫顶效龙与其他三叠纪纯信龙类四肢标本进行属级对比，因而将其厘定为存疑名称 *nomen dubium*，李锦玲和金帆(2009)也持同样观点。李氏云贵龙 *Yunguisaurus liae* 是三叠纪纯信龙次亚目中第一件保存完整的材料，使其形态学信息得到了完整的揭示，同时也给纯信龙内部的谱系关系带来了新的争议(Sato et al., 2010, 2013)，比如 *Augustasaurus* 与 *Pistosaurus*、*Corosaurus* 与 *Cymatosaurus* 的姐妹群关系是否存在，*Corosaurus* 在真鳍龙类群中的分类位置，*Bobosaurus* 与蛇颈龙的关系。

综上所述，不管是对于三叠纪纯信龙次亚目内部谱系关系的诸多争议，还是其头后骨骼尤其是四肢形态比较研究的薄弱，其根本原因都在于：第一，化石材料的局限导致了无法全面地认识三叠纪纯信龙类的形态解剖特征；第二，20 世纪 90 年代以来，我国华南地区大量鳍龙类新材料——尤其是始鳍龙类化石材料的发现，为鳍龙超目谱系演化关系的研究带来了新的信息，但同时也给其稳定性带来了新的挑战。

第3章　研究材料产地地质背景和生物群组成

3.1　化石产地概况和地质背景

本文所研究的纯信龙类化石材料来自贵州省兴义市中三叠世拉丁期的兴义动物群。

兴义动物群化石产出地点分布于贵州省黔西南州兴义市顶效、乌沙地区及其临区云南富源、罗平东部等地(图3.1)。

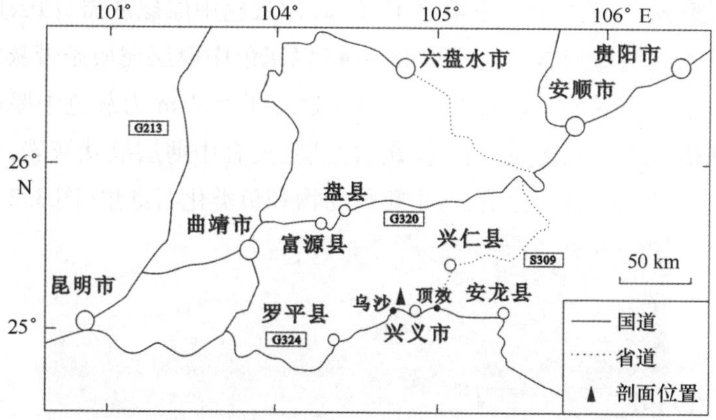

图3.1　兴义动物群地理位置图（马乐天等,2013）

兴义动物群主要赋存于法郎组竹杆坡段,该段地层时代存在争议。陈宗富(1985)、蒋志文(2002)在讨论胡氏贵州龙的时代时认为其时代为中三叠世拉丁期晚期;董卫平等(1997)在对贵州岩石地层进行综合研究时，将法郎组竹杆坡段的时代确定为拉丁期晚期—卡尼期早期;王立亭(1996)根据1:20 万区调成果,认为“ 竹杆坡组”的时代是晚三叠世卡尼期;王成源等(1998)基于对采自兴义顶效的牙形石的研究，同样认为竹杆坡段的时代是卡尼期,其主要依据是牙形石 *Paragodolella polygnafhiformis* 的出现。但发现自我国西南地区法郎组竹杆坡段的牙形石 *Paragodolella polygnafhiformis* 是否与该属种的国际标准完全一致尚存在争议(Manco et al., 2004; Mietto et al., 2007)。根据全球界线层型剖面和点(GSSP)的最新成果,拉丁阶和卡尼阶界线采用菊石类化石作为标准化石(Mietto et al., 2012)。经对兴义乌沙法郎组竹杆坡段地层进行自然层精度的发掘,采集到大量菊石类化石,其中,化石层之上25 m处的菊石类化石经初步鉴定为 *Meginoceras*,属于中三叠世晚拉丁期,化石层之上约43 m处(法郎组竹杆坡段与法郎组瓦窑段界线)的菊石类化石经初步鉴定为 *Trachyceras*,属于晚三叠世卡尼期。据此,将该段地层的时代确定为中三叠世晚拉丁期,围绕该动物群时代的工作正在进一步展开。中三叠世拉丁期法郎组竹杆坡段的下伏地层是杨柳井组厚层白云岩,上覆地层是法郎组瓦窑段底部的泥质灰岩与泥质页岩互层。通过对兴义市乌沙镇泥麦古村剖面的详细测量,证实该地区的法郎组竹杆坡段可以分为上下两部分,总厚96 m。下部厚47.6 m,为灰色中厚层灰岩、白云质灰岩互层,上端发育纹层状灰岩。上部厚48.4 m,以灰色中厚层泥质条带灰岩、灰岩,夹中薄层灰色、黄灰色瘤状灰岩为主;其中底端的5.4 m为灰色中厚层灰岩与深灰色、灰黑色中薄层泥质灰岩、泥灰岩互层,夹有中薄层瘤状灰岩,含丰富的双壳类、菊石类和海百合化石,海生爬行动物和鱼类化石富集(图3.2)。

图3.2 贵州兴义乌沙泥麦古中三叠世拉丁期法郎组竹杆坡段剖面照片

红线代表中三叠世法郎组竹杆坡段的顶界和底界;蓝线代表化石层的顶界和底界

兴义乌沙泥麦古村中三叠统法郎组竹杆坡段实测剖面自上而下分层记述如下(图3.3)。

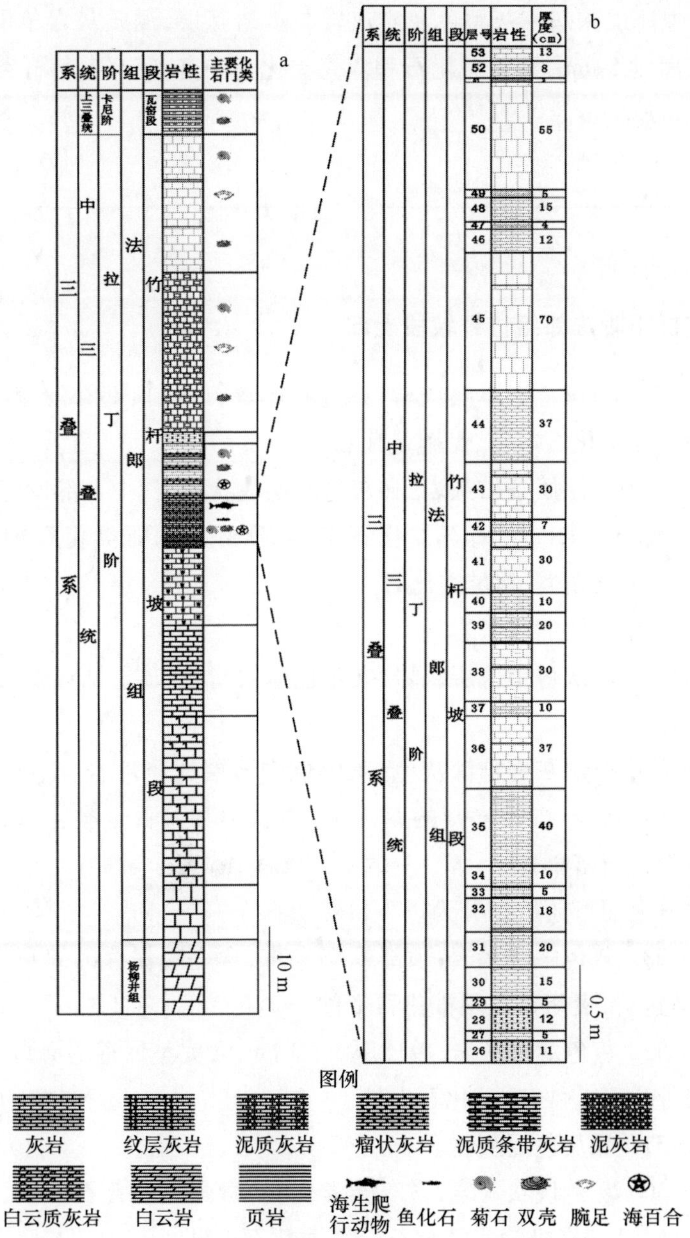

图3.3　贵州兴义乌沙泥麦古剖面地层柱状图(a)及兴义动物群地层序列(b)(马乐天等,2013)

上覆地层:上三叠统卡尼阶法郎组瓦窑段

10. 中薄层深灰－灰黑色泥质灰岩与页岩互层,泥质灰岩单层厚 5 cm,页岩单层厚约 5 mm,菊石类化石和双壳类化石丰富,底部有菊石类化石初步鉴定为 *Trachyceras*。

5.6 m,未见顶

——————整　合——————

中三叠统拉丁阶法郎组竹杆坡段上部

9. 灰色－黑灰色中厚层灰岩,夹燧石团块,单层顶部常发育纹层,菊石类化石和双壳类化石丰富,见腕足化石。 16.3 m

8. 灰色中层泥质条带灰岩,夹灰色厚层块状灰岩,中上部发育一层黄白色凝灰岩,厚 3 ~ 4 cm, 菊石类化石丰富,顶部有菊石类化石初步鉴定为 *Meginoceras*,见双壳类、腕足类化石。 19.0 m

7. 灰色中薄层瘤状灰岩。 1.3 m

6. 灰色－深灰色中薄层灰岩,夹灰色薄层瘤状灰岩,见双壳类、菊石类、海百合类化石。 6.4 m

5. 灰色中厚层灰岩与深灰色、灰黑色中薄层泥质灰岩、泥灰岩互层,夹有中薄层瘤状灰岩,含较丰富的双壳类、菊石类和海百合类化石,海生爬行动物和鱼类化石富集。 5.4 m

该层自上而下还可细分为以下自然层:

Layer 53. 灰色中层灰岩,顶部纹层发育,含完整保存的海百合类、双壳类、菊石类化石,贵州鱼龙尾椎化石 1 件。 13 ~ 15 cm

Layer 52. 灰色薄层灰岩,单层厚 1 ~ 3 cm,含完整保存的海百合类化石,爬行类肋骨化石 1 件,鱼类化石 1 件。 13 ~ 15 cm

Layer 51. 深灰色泥灰岩。 2 cm

Layer 50. 灰色块状灰岩,含双壳类化石,贵州鱼龙化石 1 件,黔鱼龙印模化石 1 件(部分脊椎为实体化石),海龙化石 1 件。 55 cm

Layer 49. 黑灰色薄层泥灰岩,含菊石类、双壳类、海百合类化石,鱼类化石 11 件,见爬行类化石碎片。 5 cm

Layer 48. 灰色中薄层泥质灰岩，含双壳类、菊石类化石，鱼类化石10件。 9 ~ 15 cm

Layer 47. 灰色薄层泥质灰岩，含双壳类化石，鱼类化石 50 件。 4 cm

Layer 46. 灰色中层泥质灰岩，含完整保存的海百合类、双壳类、菊石类化石，黔鱼龙化石 2 件，鱼类化石 3 件。 12 cm

Layer 45. 黑灰色块状灰岩，下部和顶部 5 cm 呈纹层状，含双壳类、菊石类化石，顶面可见棕黄色黏土岩，厚约 3 cm，海龙头部化石 1 件、鱼类化石30 件。 70 cm

Layer 44. 黑灰色薄层板状灰岩，单层厚 1 ~ 4 cm，含海百合类化石，菊石类、双壳类化石丰富，鱼龙尾椎化石 1 件，贵州龙化石 13 件，鱼类化石 85 件。 34 ~ 37 cm

Layer 43. 深灰色中层泥质灰岩，含菊石类、双壳类化石，鱼类化石11 件。 30 cm

Layer 42. 灰色纹层状泥质灰岩，含菊石类化石，鱼龙化石 1 件、鱼类化石 3 件。 6 ~ 9 cm

Layer 41. 灰色中层泥质灰岩，鱼龙化石 1 件、鱼类化石 13 件。 30 cm

Layer 40. 灰色中薄层灰岩，风化严重，含双壳类化石，少量鱼类化石。 8 ~ 11 cm

Layer 39. 深灰色板状纹层状泥质灰岩，单层厚 1 ~ 2 cm，含菊石类、双壳类化石，鱼类化石 4 件。 20 cm

Layer 38. 灰色中层泥质灰岩，双壳类化石丰富，少量鱼类化石。 29 cm

Layer 37. 黑灰色板状纹层状泥质灰岩，含双壳类化石，少量鱼类化石。 10 cm

Layer 36. 灰色中层灰岩，底部呈纹层状，双壳类化石丰富。 37 cm

Layer 35. 灰黑色薄层板状泥质灰岩，单层厚 1 ~ 4 cm，菊石类化石丰富，贵州龙化石 54 件、鱼类化石 300 余件。 40 cm

Layer 34. 灰色薄层泥质灰岩，单层厚 2 cm，顶底发育纹层，贵州龙化石28 件。 8 ~ 11 cm

Layer 33. 灰黑色泥灰岩，风化严重，单层厚 0.5 ~ 3 cm，贵州龙化石 2 件，鱼类化石 4 件。 5 cm

Layer 32. 浅灰色薄层板状灰岩，单层厚0.5 ~2 cm，贵州龙化石21件。 18 cm

Layer 31. 灰色薄板状泥质灰岩，质脆，风化面多黄泥，单层厚3 cm，贵州龙化石29件。 20 cm

Layer 30. 灰色薄层板状灰岩，单层厚2 ~5 cm，贵州龙化石41件、幻龙化石1件、鸥龙化石1件。 13 ~17 cm

Layer 29. 灰色薄层泥质灰岩，贵州龙化石7件、鱼类化石5件。 5 cm

Layer 28. 灰色薄层瘤状灰岩，单层厚3cm，贵州龙化石29件。 10 ~12 cm

Layer 27. 灰色薄层泥质灰岩，风化面呈土黄色，质脆，贵州龙化石6件。 5 cm

Layer 26. 灰色中薄层瘤状灰岩，瘤小而尖，风化面呈土黄色，质硬，贵州龙化石18件。 9 ~11 cm

第四系覆盖2.5 m

中三叠统拉丁阶法郎组竹杆坡段下部

4. 灰色中层纹层状灰岩，顶部为中薄层灰岩与泥质灰岩互层。 10.3 m
3. 灰色中厚层灰岩，单层厚33 ~71 cm。 11.3 m
2. 白灰色 - 灰色厚层块状白云质灰岩。 19.9 m
1. 黑灰色厚层块状灰岩。 6.1 m

——————整　合——————

下伏地层：中三叠统拉丁阶杨柳井组

0. 灰白色 - 灰色厚层块状白云岩，刀砍纹发育。 7.3 m，未见底

3.2 兴义动物群海生爬行动物化石的多样性面貌和地层分布

兴义动物群海生爬行动物化石保存精美、属种丰富，迄今为止已有效命名11个属种：鳍龙类楯齿龙木豆齿龙亚目康氏雕甲龟龙（*Glyphoderma kangi* Zhao et al., 2009），始鳍龙类岔江黔西龙（*Qianxisaurus chanjiangensis* Cheng et al. , 2012),胡氏贵州龙 *Keichousaurus hui* Young, 1958,真鳍龙类幻龙科杨氏幻龙 *Nothosaurus youngi* Li and Rieppel, 2004,兴义鸥龙 *Lariosaurus xingyiensis* Li et al. , 2002,真鳍龙类纯信龙次亚目李氏云贵龙 *Yunguisaurus liae* Cheng et al. , 2006;鱼龙类兴义黔鱼龙 *Qianichthyosaurus xingyiensis* Yang et al. , 2013;海龙类乌沙安顺龙 *Anshunsaurus wushaensis* Rieppel et al. , 2003;初龙类富源滇东鳄 *Diandongosuchus fuyuanensis* Li et al. , 2012;原龙类伦巴底长颈龙相似种 *Tanystropheus* cf. *T. longobardicus* (Rieppel et al. , 2010)、富源巨胫龙 *Macrocnemus fuyuanensis* Li et al. , 2007。对兴义乌沙泥麦古中三叠统拉丁阶法郎组竹杆坡段地层大规模科学发掘的结果表明,除以上已报道的属种之外,兴义动物群还包含有大型鱼龙类分子。

经过对采集到的部分化石标本进行修理,列出其中具有较重要鉴定价值的标本,包括:

(1)贵州鱼龙(*Guizhouichthyosaurus*):完整标本 1 件,出自 50 层;尾椎标本 1 件,出自 53 层;

(2)黔鱼龙(*Qianichthyosaurus*):完整标本 2 件,长约 1 m,出自 46 层;印模化石 1 件,出自 50 层;

(3)鱼龙(属种待鉴定):尾椎标本 1 件,出自 44 层;保存完整的标本 1 件,出自 42 层;保存部分脊椎的标本 1 件,出自 41 层;

(4)海龙类(thalattosaurs):头部标本 1 件,出自 45 层;零散保存的标本 1 件,出自 50 层;

(5)幻龙(*Nothosaurus*):完整标本 1 件,出自 30 层;

(6)鸥龙(*Lariosaurus*):完整标本 1 件,出自 30 层;

(7)贵州龙(*Keichousaurus*):完整标本 200 余件,出自 26 ~ 35 层和 44 层。

目前正处在对这些化石的研究过程中,随着修理的继续和研究的深入,相信将有更多新化石信息的发现。这些兴义动物群中首次按照自然层精度系统采集得到的化石,将为恢复其古生态面貌提供重要信息。

海生爬行动物化石集中出现在竹杆坡段上部底端的 26 ~ 53 层(化石层),依据化石产出情况和岩性可将化石层分为上中下三段(表 3. 1)。下段包括 26 ~ 35 层(图 3. 3),厚 1. 41 m,产出鳍龙类分子。26 ~ 35 层连续多层产出大量贵州龙,另外,其他鳍龙类材料包括幻龙(30 层)和鸥龙(30 层)也出自该段地层。中段包括 36 ~ 44 层(图 3. 3),厚 2. 11 m,产出贵州龙和鱼龙类分子。从

41 层开始出现鱼龙类化石，岩性为灰色中层灰岩，厚 30 cm；42 层的薄层泥灰岩中，也有鱼龙类化石发现；该段顶部 44 层为灰黑色薄层板状灰岩，单层厚 1 ~4 cm，总厚 24 ~37 cm，是贵州龙出现的最高层位，同时发现有鱼龙类化石。上段包括 45 ~53 层（图 3. 3），厚 1. 88 m，新发现的较完整鱼龙材料——贵州鱼龙（50 层）和黔鱼龙（46 层、50 层）以及海龙类（45 层和 50 层）材料均只出现于该段地层，另外，53 层、52 层和 46 层均有保存较完整的海百合出现。

表 3. 1　兴义动物群海生爬行动物化石地层分布

	Keichousaurus 贵州龙	*Nothosaurus* 幻龙	*Lariosaurus* 鸥龙	*Guizhouichthyosaurus* 贵州鱼龙	*Qianichythyosaurus* 黔鱼龙	其他鱼龙类	海龙类
上段				*	*		*
中段	*					*	
下段	*	*	*				

化石层下段和中段的区别主要包括两个方面。第一，从岩性来看，下段以灰色薄层泥质灰岩为主，夹有薄层瘤状灰岩和泥灰岩，灰岩单层厚度均小于 5 cm；而中段以灰色中层灰岩为主，夹有薄层泥质灰岩和泥灰岩，其中，36 层、38 层、41 层、43 层的灰岩单层厚度分别为 37 cm、29 cm、30 cm、30 cm。同时，微相分析的初步结果表明（郭文，2010）：下段岩性几乎全为泥质微晶灰岩，薄片色调整体呈微红褐色，形成于局限台地或蒸发区，其所处地质历史时期的海平面较低；中段岩石薄片生物碎屑含量明显增多，各层薄片色调从红褐色向灰色变化，有机质含量逐渐增多，与标准相带的对应，表明其呈现出海平面在波动中逐渐升高的趋势。第二，从海生爬行动物的组成面貌来看，除数量众多、多层位分布的贵州龙化石之外，化石层下段产出包括幻龙和鸥龙在内的鳍龙类化石，而中段产出鱼龙类化石（马乐天等，2013）。

化石层中段与上段的主要区分依据是海生爬行动物的分布情况。上段产出鱼龙、海龙类分子和保存完整的海百合，不再出现贵州龙化石，其中，50 层产出的长达 5. 5 m 的贵州鱼龙已经具备了较强的游泳能力。结合岩性和初步的微相分析，45 层、50 层分别为厚 70 cm、55 cm 的灰色中厚层灰岩，该段地层生物碎屑含量、种类均呈增加趋势，尤其是 50 层向上，生物碎屑含量达到 10% ~20% 。综上所述，与化石层中段相比，上段地层所处地质历史时期，该地区海平面呈升高趋势，尤其在上段的中上部，处在相对海平面较高的环境当中。

根据大规模科学发掘的结果，兴义动物群化石层下段的生物面貌组成进一步印证了其西特提斯古地理亲缘性：化石层下段（26～35 层）是鳍龙类分子集中产出的层段，产自该段的真鳍龙亚目幻龙科的幻龙属和鸥龙属化石可与西特提斯生物区的相应化石进行属级对比（表 3.2）；化石层下段和中段（26～35 层和 44 层）产出大量始鳍龙目肿肋龙科化石，可与西特提斯生物区的相应化石进行科级对比（表 3.2）。同时，结合兴义动物群中已报道的鳍龙类化石，包括兴义鸥龙 *Lariosaurus xingyiensis*、杨氏幻龙 *Nothosaurus youngi*、胡氏贵州龙 *Keichousaurus hui*、康氏雕甲龟龙 *Glyphoderma kangi*、李氏云贵龙 *Yunguisaurus liae* 和本文研究材料（李锦玲等，2002；李锦玲和奥利维尔·瑞柏尔，2004；杨钟健，1958；Cheng et al.，2006；Ma et al.，2015；Zhao et al.，2008），充分显示了其与西特提斯中三叠世拉丁期晚期到晚三叠世卡尼期早期相应动物群的紧密关系（Tintori and Renesto，1990；Rieppel and Wild，1996；Rieppel and Hagdorn，1998；Dalla Vecchia，2006）。

表 3.2　兴义动物群与西特提斯区古地理亲缘性的对比

（中三叠世拉丁期晚期至晚三叠世卡尼期早期）

地质时代	兴义动物群化石层中下段	西特提斯生物区
中三叠世晚拉丁期至晚三叠世早卡尼期	真鳍龙目幻龙科幻龙属 *Nothosaurus youngi* Li and Rieppel，2004 化石层下段（30 层）幻龙新标本 1 件	真鳍龙目幻龙科幻龙属 *Nothosaurus edingerae* Schultze，1970 *Nothosaurus cymatosauroides* Sanz，1983
	真鳍龙目幻龙科鸥龙属 *Lariosaurus xingyiensis* Li et al.，2002 化石层下段（30 层）鸥龙新标本 1 件	真鳍龙目幻龙科鸥龙属 *Lariosaurus balsami* Curioni，1847 *Lariosaurus valceresii* Tintori and Renesto，1990
	真鳍龙目纯信龙次亚目 *Yunguisaurus liae* Cheng et al.，2006	真鳍龙目纯信龙次亚目 *Bobosaurus forojuliensis* Dalla Vecchia，2006
	始鳍龙目肿肋龙科 *Keichousaurus hui* Yang，1958 化石层下、中段 *Keichousaurus* 标本 200 余件	始鳍龙目肿肋龙科 *Neusticosaurus pusillus* Seeley，1882 *Neusticosaurus edwardsii* Cornalia，1854
	楯齿龙目豆齿龙亚目龟龙科 *Glyphoderma kangi* Zhao et al.，2009	楯齿龙目豆齿龙亚目龟龙科 *Psephosaurus suevicus* Fraas，1896

值得注意的是，兴义动物群化石层上段（图3.3）产出的贵州鱼龙（50层和53层）、黔鱼龙（46层和50层）、海龙类（45层和50层）材料，显示了与我国晚三叠世卡尼期关岭动物群组成面貌的相似之处（表3.3）。关岭动物群是三叠纪生物圈复苏发展到了顶峰阶段的实证代表（江大勇等，2011），其海生爬行动物的古地理亲缘性也是讨论热点之一（汪啸风等，2003；Jiang et al.，2005b；Nicholls et al.，2002；Rieppel et al.，2000），其中与兴义动物群化石层上段密切相关的属种包括鱼龙类萨斯特鱼龙科邓氏贵州鱼龙 *Guizhouichthyosaurus tangae* Cao and Luo in Yin et al.，2000（尹恭正等，2000），鱼龙类周氏黔鱼龙 *Qianichthyosaurus zhoui* Li，1999（Li，1999；Nicholls et al.，2002）和海龙类材料（程龙，2003；尹恭正等，2000；Cheng et al.，2007）。

表3.3　兴义动物群化石层上段与关岭动物群海生爬行动物化石相似性的对比

化石类型	兴义动物群化石层上段	关岭动物群
鱼龙类 贵州鱼龙属	53层、50层贵州鱼龙 新标本各1件	*Guizhouichthyosaurus tangae* Cao and Luo in Yin et al.，2000
鱼龙类 黔鱼龙属	46层黔鱼龙新标本2件 50层黔鱼龙新标本1件	*Qianichthyosaurus zhoui* Li，1999
海龙类	45层海龙头部新标本1件 50层海龙新标本1件	*Anshunsaurus huangguoshuensis* Liu，1999 *Miodentosaurus brevis* Cheng et al.，2007 *Xinpusaurus suni* Yin in Yin et al.，2000 *Xinpusaurus bamaolinensis* Cheng，2003

第4章　研究材料和方法

4.1　材　料

文中所涉及的化石材料(标本号 GMPKU－P－1529)藏于北京大学地质博物馆,产自贵州兴义中三叠统法郎组竹杆坡段地层;绿荫顶效龙(*Dingxiaosaurus luyinensis*)DMK8 藏于贵州顶效贵州龙博物馆,产自贵州兴义中三叠统杨柳井组地层。

4.2　方　法

研究材料(GMPKU－P－1529)的围岩为黑灰色中薄层灰岩,岩性致密,修理前骨骼被围岩完全覆盖。

标本修理　采用气动碳钢针在显微镜下修理,历时约 15 个月。修理工作结束后,化石表面刷清漆的丙酮稀释液,以形成保护层,防止化石快速风化。

标本观察　标本全长 2.2 m,头部采用体视显微镜观察骨缝,头后骨骼主要为肉眼直接观察。

数码摄影　标本拍照相机型号为 Nikon D90 单反相机。在自然光下拍摄。

标本测量　标本测量采用软尺和十分格游标卡尺。

素描　部分素描图件采用如下方式:根据数码拍摄的照片,在 Photoshop 软件中绘制轮廓,对照标本实物,仔细观察骨缝、骨骼表面形态、骨纹等,在 Photoshop 中绘制素描图件。

另一部分素描图件采用如下方式:依据标本照片,用制图笔在透明硫酸纸上绘制标本轮廓(使用透光台),对照标本实物,绘制骨缝线和纹饰线条,用打点的方式点出骨骼的立体感,最后将图件使用 Photoshop 清绘。

素描图均进行规范标注。

文中所使用照片、测量数据多数为笔者亲自拍摄、测量，部分来自其他学者和文献（在相应照片和数据后有标注）。

文中各级分类单元的拉丁文名参照 Rieppel（2000），相应中文翻译参照张永辂（1983）。各解剖学名词的中文翻译参照杨安峰等（2008）和古生物学名词审定委员会（2009）。

4.3 正文及插图中缩写列表

ang：angular 隅骨

art：articular 关节骨

bo：basioccipital 基枕骨

c：centrale 舟状骨

co：coracoid 乌喙骨

d：dentary 齿骨

dc：distal carpal 远端腕骨

dpc：deltopectoral crest 三角肌嵴

dt：distal tarsal 远端跗骨

ecg：ectepicondylar groove 外髁槽

enf：entepicondylar foramen 内髁孔

eo：external occipital 外枕骨

f：frontal 额骨

fe：femur 股骨

fi：fibula 腓骨

hu：humerus 肱骨

in：intermedium 中央腕骨

j：jugal 颧骨

ld：insertion for *m. latissimus dorsi* 背阔肌嵴

m：maxilla 上颌骨

mc：metacarpal 掌骨

mt：metatarsal 跖骨

n：nasal 鼻骨

op：opisthotic 耳骨

p：parietal 顶骨

pf：prefrontal 前额骨

pm：premaxilla 前颌骨

po：postorbital 后眶骨

pof：postfrontal 后额骨

pi：pisiform 豆状骨

q：quadrate 方骨

ra：radius 桡骨

re：radiale 桡腕骨

sang：surangular 上隅骨

so：supraoccipital 上枕骨

sq：squamosal 鳞骨

ti：tibia 胫骨

ul：ulna 尺骨

uln：ulnare 尺腕骨

第 5 章　系统古生物学

5.1　短吻王龙(*Wangosaurus brevirostris*)

研究材料发现自中国贵州兴义中三叠统法郎组竹杆坡段地层中。标本保存完整,背视保存,全长 2.2 m,头部三维立体保存,长 227 mm(从吻端到枕髁),头部最宽处 61 mm(眼眶后缘处)。经对该标本进行观察、测量、素描、拍照、对比,明确了其鉴定特征,并将其归入纯信龙次亚目 Pistosauroidea (Ma et al., 2015)。

爬行纲 Class Reptilia Linnaeus, 1758

　双孔亚纲 Subclass Diapsida Osborn, 1903

　　鳍龙超目 Superorder Sauropterygia Owen, 1860

　　　纯信龙次亚目 Infraorder Pistosauroidea Baur, 1887 – 90

　　　　短吻王龙 *Wangosaurus brevirostris* Ma et al., 2015(图5.1至图5.6)

鉴定特征:顶孔后移至顶骨平台强烈收缩所形成的矢状嵴后端;上颞孔长度与眼眶长度的比率为 3.1;上枕骨水平保存且低于顶骨;外枕骨与耳骨呈板状,不存在后外侧向延伸的副枕突;颈椎数目至少 33 枚;腕骨 5 枚;跗骨 4 枚;后肢趾式为 3(?) –3 –4 –5 –5。

产地层位:贵州兴义,中三叠统拉丁阶法郎组竹杆坡段。

标本描述:

前颌骨　吻部圆钝(图 5.2)。前颌骨在外鼻孔前缘处收缩不明显。前颌骨大,外鼻孔之前的吻部全部由其构成,同时,构成外鼻孔的整个前缘和背缘、腹缘的前 1/2。左右两侧前颌骨的缝合线呈直线状,在外鼻孔背缘处有一 7 mm 的细长条状凹槽。前颌骨的细长后突向后延伸至眼眶前缘之后 2 mm 处,与额骨的缝合线呈明显指状交叉,包围了额骨的前背侧突。与上颌骨的缝合线位于外鼻孔腹侧,起于外鼻孔腹缘中点处,向前腹侧延伸。与鼻骨的缝合线起于外鼻孔背缘中点处,向背后侧延伸,构成前颌骨后突的腹缘。

图 5.1　短吻王龙（*Wangosaurus brevirostris*）整体照片，比例尺为 10 cm

上颌骨　上颌骨构成外鼻孔腹缘的后 1/2 及其后缘，构成眼眶的腹缘和前缘的腹侧 1/2。上颌骨/前颌骨缝合线自外鼻孔腹缘的中点向前腹侧延伸至吻部收缩处，其后有一小孔。上颌骨/鼻骨缝合线向上颌骨侧凹陷，向后，上颌骨/前额骨缝合线有一后内侧突，被前额骨包围。向后，上颌骨沿眼眶腹缘向后延伸至上颞孔前 1/4 处。上颌骨/颧骨缝合线自眼眶腹缘后 1/3 处开始，沿后腹侧方向延伸，起始处上颌骨有一小后突，被颧骨包围，上颌骨与后眶骨被颧骨隔开。

鼻骨　鼻骨位于外鼻孔与眼眶之间，前缘构成外鼻孔后缘，背缘与前颌骨接触，被前颌骨隔开，后缘与额骨接触，腹缘与前额骨和上颌骨接触。鼻骨未退化，沿外鼻孔内缘向前延伸（图 5.2）。前侧较宽，宽 8 mm，向后逐渐变窄，形成后突。鼻骨前缘构成外鼻孔后缘。左右鼻骨不接触，被前颌骨后突隔开，与前颌骨的缝合线构成鼻骨背缘。鼻骨向后延伸至眼眶前缘之后 5 mm 处，后突被额骨包围。鼻骨腹缘前 1/3 与上颌骨接触，后 2/3 与前额骨接触；与上颌骨缝合线延伸趋势为背后侧，起于外鼻孔后缘中点处。鼻骨长 2.1 cm，短于额骨。外鼻孔呈肾状，长轴方向自前背侧向后腹侧，长轴 14 mm，短轴 11 mm，长/短轴比率 1.3。

前额骨　前额骨背视较大，其后缘构成眼眶前内侧转角处边缘。前额骨与后额骨未接触，被额骨隔开。前额骨前突与鼻骨接触，其缝合线呈后内侧向延伸。其腹缘包围上颌骨的后内侧突起。右侧前额骨可见一明显的前突，沿鼻骨腹缘向前延伸，使得右前额骨腹缘与上颌骨的缝合线呈“S”状。

额骨　额骨愈合。其前缘与前颌骨、鼻骨、前额骨呈锯齿状接触，额骨前外侧突被前额骨、鼻骨后突所包围，前内侧突被鼻骨后突、前颌骨后突所包围。其腹缘构成眼眶背缘，形成外缘略向内凹的眶间区域。从眼眶后缘开始额骨向后逐渐变窄，后端被顶骨包围，向后延伸至上颞孔前1/4处，远离上颞孔边缘。额骨没有后外侧突。

后额骨　后额骨与前额骨相比出露较大，长度约为前者的两倍。构成眼眶后内侧边缘和上颞孔前内侧边缘。前端有一细长的突起，沿眼眶内缘向前延伸。内侧，与额骨接触，缝合线内凹。外侧，其外侧突起与后眶骨的背侧突起相叠覆。其后外侧部分在上颞孔前内侧拐角处向下延伸，即上颞孔前内侧拐角被其覆盖，在右侧的下延部分可见一小孔。其后突沿上颞孔内缘向后延伸至上颞孔前1/8处，与顶骨前突相接触。

后眶骨　后眶骨前缘参与眼眶后缘的构成。其后缘参与上颞孔前缘的构成，其内缘与后额骨相接，缝合线呈锯齿状，背侧突起被后额骨的外突所叠覆。外侧，沿上颞孔腹缘向后延伸，至上颞孔中点之前构成上颞孔的腹缘。后眶骨腹缘前端与颧骨接触，腹缘后端与鳞骨接触，缝合线较平直。

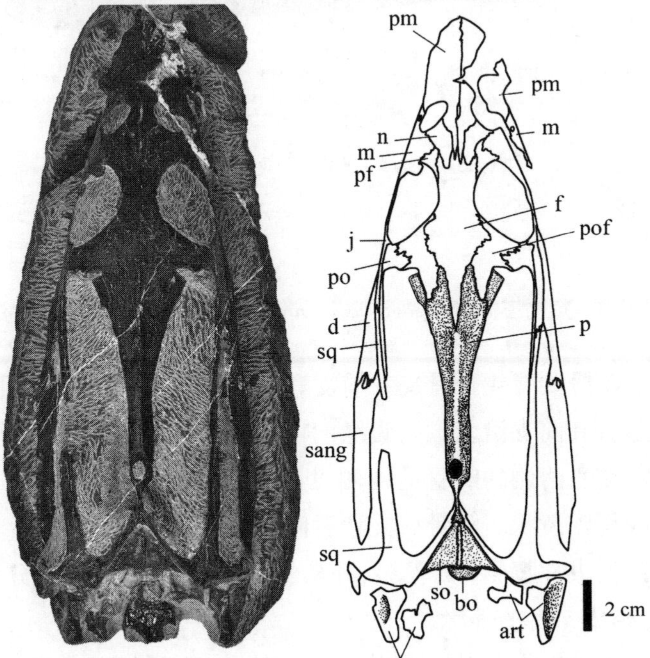

图5.2　短吻王龙(*Wangosaurus brevirostris*)背视素描图。比例尺为2 cm

颧骨　颧骨位于后眶骨与上颌骨之间。前端扩展，部分与上颌骨接触，部分构成眼眶的后腹侧边缘，沿眼眶腹缘向前延伸至其中点处。颧骨后端与鳞骨接触，缝合线位于上颞孔前1/3处，呈锯齿状。颧骨背缘、腹缘分别与后眶骨、上颌骨接触。由于被后眶骨隔开，颧骨未直接接触上颞孔下缘（图5.3）。

顶骨　顶骨愈合，位于两侧上颞孔之间，前缘两侧分开呈"V"型，左右两侧各形成一个前突，包围了额骨后缘。顶骨外缘与后额骨腹缘共同构成上颞孔背缘。自顶骨与额骨远端的接触点向后，顶骨逐渐强烈收缩，发育明显的矢状脊（图5.2），尤其是在顶孔之后收缩更加明显，宽1 mm，再向后，顶骨向下扩展，将两侧鳞骨隔开，垂直向下的部分左右两侧分叉，呈倒"V"型，包围上枕骨前端（图5.4）。顶孔呈椭圆形，明显后移，靠近顶骨平台后缘。

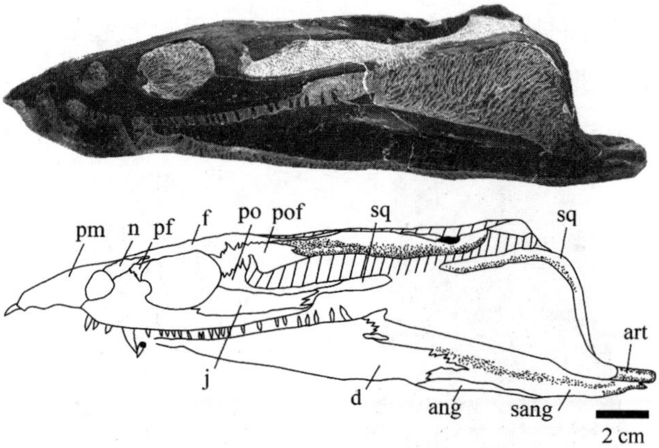

图5.3　短吻王龙 *Wangosaurus brevirostris* 侧视素描图，比例尺为2 cm

鳞骨　鳞骨共有4个分支。前支和前内侧支构成了上颞孔后缘和腹缘的后半部分。其前支沿上颞孔腹缘向前延伸至上颞孔前1/3处，与眶后骨、颧骨相接。左右两侧的鳞骨前内侧没有互相接触，被顶骨隔开（图5.2），与顶骨缝合线呈锯齿状。鳞骨后支和后内侧分支均向下延伸，后支相对较长，其下端已接近头骨腹侧（图5.3），并从外侧覆盖方骨；后内侧分支与上枕骨、耳骨接触，构成二者的外缘。

方骨　方骨外露部分呈弧状。外缘外凸，侧视被鳞骨后支包围。前缘内凹，后缘平直。从后视的角度看，方骨内凹。其内缘出露部分很短，与翼骨相接，缝合线呈锯齿状。

方颧骨　方颧骨缺失。

关节骨　两侧关节骨出露部分呈倒三角形，向后逐渐变窄。保存于头骨后方。关节骨外侧明显低于内侧。

齿骨　齿骨与上隅骨、隅骨的缝合线清晰可见。齿骨侧视前端较窄，向后逐渐加宽，与上隅骨缝合线呈锯齿状，左侧缝合线前端可见一小孔。齿骨后突被上隅骨包围。

隅骨　隅骨侧视出露较少，其背缘与齿骨、上隅骨相接。

上隅骨　上隅骨前1/2的部分分为两支，包围齿骨的后突，向后逐渐变窄，构成下颌支(mandibular ramus)的后部。上隅骨的后2/3部分可见明显的侧嵴(图5.3)，自前向后延伸，供颌部内收肌附着。前端与齿骨相接处可见明显的喙突，呈三角形(图5.3)。

上枕骨　上枕骨水平保存，水平出露部分呈三角形。上枕骨与顶骨没有紧密相接(图5.4)，其位置低于顶骨，外缘与鳞骨前内侧分支向下延伸的部分相接，前端被顶骨向下延伸的左右两侧分支包围。上枕骨后端略向下延伸，后缘两侧与耳骨相接，中间部分构成枕骨大孔(foramen magnum)的背缘。枕嵴(occipital crest)发育。

外枕骨和耳骨　外枕骨腹缘与基枕骨背缘相接，呈棒状，其背缘与耳骨接触，内缘围成枕骨大孔的侧缘。耳骨出露部分较大，呈板状，其外缘与鳞骨后内侧分支相接，左侧缝合线较平直，右侧缝合线前端呈锯齿状。外枕骨与耳骨没有构成棒状的后外侧向延伸的“副枕突”(paroccipital process)，并且与鳞骨紧密接触，没有形成明显的后颞孔(图5.4)。

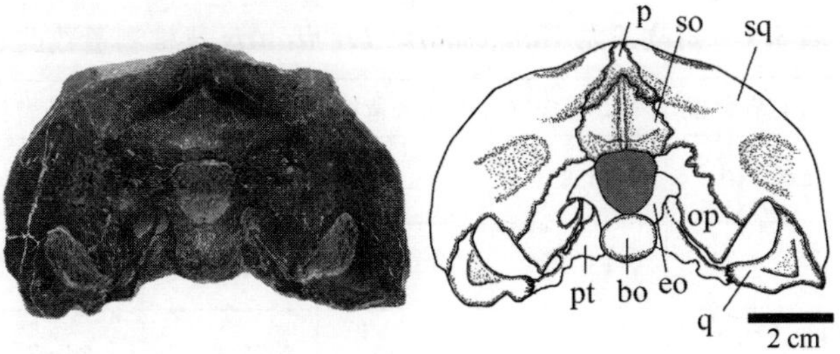

图5.4　短吻王龙 *Wangosaurus brevirostris* 后视素描图，比例尺为2 cm

研究材料为背视保存，肩带和腰带部分出露很少，可观察到锁骨位于肩胛骨内侧(图5.1)，符合鳍龙超目的鉴定特征。

脊椎骨　标本共保存 63 节脊椎骨,尾椎保存不完整。颈椎至少 33 节,均为背视保存;背椎 16 节,其中前 11 节为侧视保存,后 5 节为背视保存;4 节荐椎;前 10 节尾椎出露。

寰椎保存不完整,枢椎的背视、侧视和腹视均已修理。枢椎椎体长 25.70 mm,最宽处 17.83 mm,最窄处 9.56 mm,椎体横突位于其前端。椎弓与椎体的缝合线不清晰,椎弓可见明显的前关节突,向下倾斜保存。神经棘后端明显高于前端。椎体腹面的侧缘明显向内收缩,由于腹面破损,无法判别是否存在下中心孔(subcentral foramina)。

第 3 至第 33 节颈椎全部为背视保存,仅椎弓可见。椎弓长度自前向后依次为:23.41/22.11/23.79/26.85/27.28/27.63/26.03/25.56/24.79/23.19/19.81/17.66/20.29/21.29/20.47/18.75/20.77/22.74/20.57/22.34/26.49/22.43/25.17/25.13/29.38/25.51/? /23.44/23.30/25.02/23.24 (mm)。其长度变化并不明显,但从前向后明显加宽(图 5.1)。横突远端略微膨大,为椭圆状。第 31 至第 33 节颈椎的神经棘较高,在同一节颈椎上,神经棘远端膨大、加高,宽度大于近端关节面。神经棘背缘加厚,在第 33 节颈椎上尤为明显。

第 1 至第 11 节背椎为侧视保存,其中第 7 至第 12 节仅保存椎弓,第 12 节发生扭转,第 13 至第 16 节为背视保存。根据可测量的数据(表 5.1),第 1 至第 6 节椎体长度自前向后逐渐增加;神经棘高度约为椎体高度的两倍;横突(transverse process)长度大于椎体高度的 1/2,远端未明显扩展。从第 13 至第 16 节背视保存的背椎可观察到,神经棘背缘明显膨大。

表 5.1　短吻王龙 *Wangosaurus brevirostris* 背椎测量数据

	第 1 节背椎	第 2 节背椎	第 3 节背椎	第 4 节背椎	第 5 节背椎	第 6 节背椎
椎体长(mm)	24.80	24.73	23.29	24.94	23.64	23.61
横突长(mm)	?	13.95	17.00	21.06	18.26	17.38
椎体高(mm)	22.58	24.39	22.85	25.92	24.61	22.90
椎弓高(mm)	?	49.90	54.00	54.23	54.19	54.03

注:“?”代表因化石材料保存状况等原因,数据无法测量。

荐椎数目为 4 枚,相对于背肋和尾肋来说,荐肋较粗壮,远端膨大。

前肢 肱骨粗壮,近端未完全出露,骨纹发育,说明其为成年个体。可测量的部分长 168 mm,远端宽 59 mm,最窄处的宽度为 31. 89 mm。肱骨在距近端约 1/3 处明显弯曲,前缘外凸,后缘内凹,且后缘此处有一凸起(图 5. 5),可能为背阔肌嵴。肱骨远端扩展,背腹侧压扁,内髁孔和外髁槽均保存(图 5. 5),外髁槽未封闭。

尺骨和桡骨均背腹侧压扁保存,由于恰好位于两块围岩断裂处,尺骨近端未保存。桡骨内外侧边缘收缩,长 87. 17 mm,近端宽 34. 13 mm,远端宽 23. 30 mm,最窄处的宽度为 14. 27 mm,其近端较扩展,宽度大于远端宽。尺骨远端扩展,宽 25. 48 mm,其宽度大于桡骨远端宽度。

标本保存 3 枚腕骨(图 5. 5)。中央腕骨位于桡骨和尺骨远端关节

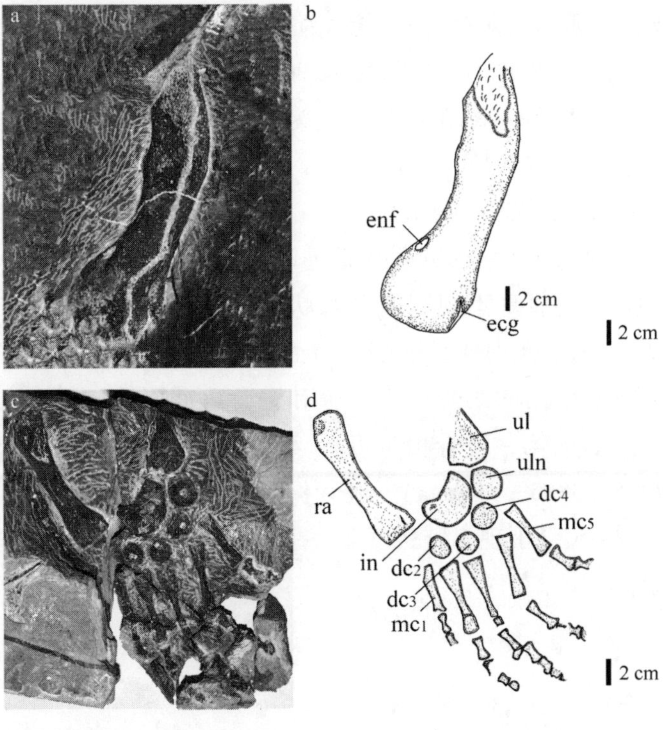

图 5. 5 短吻王龙 *Wangosaurus brevirostris* 前肢素描图

a,b 为右肱骨(背视);c,d 为左前肢(背视)。比例尺为 2 cm

面之间，前缘内凹，呈半月形。尺侧腕骨正对尺骨远端关节面，近圆形。3 枚远端腕骨均呈圆形，鉴定为远端第二、第三、第四腕骨，略小于尺侧腕骨。掌骨均为细长的棒状，前后缘收缩，第一掌骨保存不完整。第一掌骨和第五掌骨的位置略高于其他掌骨，第三掌骨最长，其近端明显比远端扩展。掌骨长度依次为：29. 38/43. 73/45. 72/41. 23/？（mm）。指骨保存不完整。

后肢 左后肢保存完整，为背视保存；右后肢因保存于围岩接近底面的位置，故进行腹视修理。

相对于肱骨来说，股骨细长。长 172. 55 mm，近端宽 45. 20 mm，远端宽 26. 62 mm，最窄处仅 16. 87 mm。其近端背腹侧压扁，内转子发育，向外明显扩展，呈扇形，表面骨纹发育。股骨前缘呈“S”型，前端内凹，后端向外突出，后缘内凹。

左后肢胫骨远端未保存，前后缘收缩，近端宽 18. 68 mm，最窄处宽度为 13. 18 mm；腓骨前缘内凹，后缘外凸，长 90. 34 mm，近端（23. 48 mm）与远端（20. 98 mm）宽度基本一致，最窄处宽度为 12. 19 mm。跗骨位于两块围岩断裂处，未保存。左后肢趾骨为？，3，4，5，？。值得注意的是，第二趾骨的第 3 枚（末端趾骨）后缘向外膨大（图 5. 6）。

右后肢胫、腓骨近端未保存，胫骨远端扩展，明显宽于腓骨远端。保存四枚跗骨。其中，距骨呈不规则的椭圆状，前缘可见与胫骨的关节面，前缘有一小的凹口。跟骨正对腓骨远端关节面，呈椭圆状，比起距骨较小。远端保存两枚跗骨，其中第四跗骨位于距骨和跟骨之间。第一、第二、第三跖骨近端明显宽于远端，第一趾骨相对短小，第三跖骨最长，长度依次为：26. 31/44. 84/52. 73/51. 38/39. 81（mm）。趾骨保存完整，可据此建立后肢趾式为 3（？）－3－4－5－5，已出现多趾式现象（图 5. 6）。左后肢第二趾末端趾节后缘外凸，明显膨大。

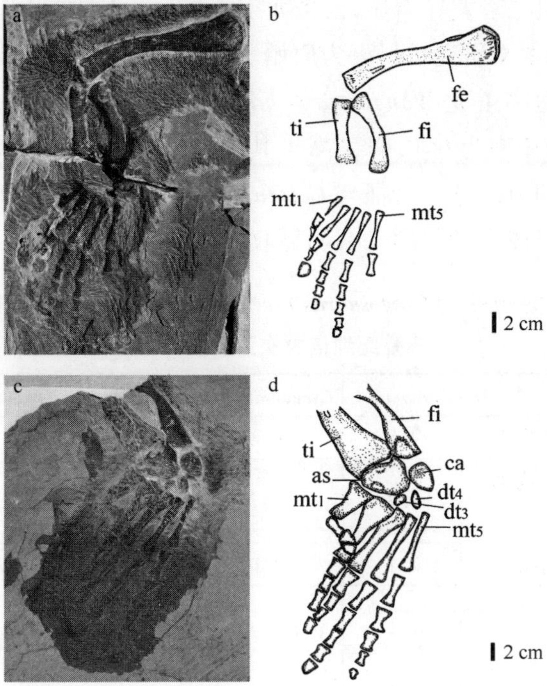

图 5.6　短吻王龙（*Wangosaurus brevirostris*）后肢素描图

a,b 为左后肢（背视）；c,d 为右后肢（腹视），比例尺为 2 cm

5.2　比较与讨论

5.2.1　短吻王龙（*Wangosaurus brevirostris*）与纯信龙次亚目其他属种的比较

目前已报道的三叠纪纯信龙次亚目的 8 个属种中，*Corosaurus* 和广西龙 *Kwangsisaurus* 出自下三叠统奥伦尼克阶地层，*Cymatosaurus* 出自中三叠统下安尼阶地层，纯信龙 *Pistosaurus* 和奥古斯塔龙 *Augustasaurus* 出自中三叠统上安尼阶地层，*Chinchenia* 具体层位不明，可能出自中三叠统拉丁阶地层，*Yunguisaurus* 出自中三叠统上拉丁阶地层，*Bobosaurus* 出自上三叠统卡尼阶地层。从时代上来说，本文研究材料与出自同一地点的李氏云贵龙 *Yunguisau-*

rus 最为接近，但二者差异明显，云贵龙 *Yunguisaurus* 具有大量与蛇颈龙相近的进化特征，而本文研究材料更为原始。详细的骨骼形态对比记述如下。

前颌骨 短吻王龙 *Wangosaurus brevirostris* 吻部较圆钝，头长/（吻端 - 外鼻孔前缘）的比率为 6.1，明显高于其他属种（表 5.2）。前颌骨在外鼻孔前缘处收缩不明显。这一特征与 *Corosaurus* 相近（Storrs, 1991），而其他三叠纪纯信龙次亚目成员的前颌骨有明显收缩。

表 5.2 短吻王龙 *Wangosaurus brevirostris* 头部测量数据及其与其他三叠纪纯信龙次亚目属种对比

	Corosaurus *	*Cymatosaurus* *	*Augustasaurus*	*Yunguisaurus*	*Wangosaurus*
头长/吻端 - 外鼻孔前缘	4.5	3.9 ~ 4.5	2.6	2.8	6.1
吻端 - 上颞孔前缘/吻端 - 外鼻孔前缘	3.2	2.7 ~ 3.0	1.8	1.7	2.9
头长/吻端 - 眼眶前缘	2.1	2.1	1.7	2.3	3.6
吻端 - 外鼻孔前缘/吻收缩部宽	1.1	1.2 ~ 1.6	?	1.6	1.4
吻端 - 眼眶前缘/吻端 - 外鼻孔前缘	2.2	1.9 ~ 2.0	1.5	1.2	1.7
头长/上颞孔长	3	2.0 ~ 2.8	2.6	2.5	2.1
上颞孔长/眼眶长	1.5	1.8 ~ 2.0	2.4	1.9	3.1

* 表示数据来源于文献，其他为标本实际测量数据（Rieppel, 1997b, 1998, 1999c; Storrs, 1991）。

鼻骨 短吻王龙 *Wangosaurus brevirostris* 左右两侧鼻骨不接触，被前颌骨的后突隔开，这一特征同样见于 *Yunguisaurus* 和 *Cymatosaurus*；*Corosaurus* 两侧鼻骨接触；在 *Pistosaurus* 和 *Augustasaurus* 中，鼻骨缺失（图 5.7），这一特征与 *Plesiosaurus* 更接近（Cheng et al., 2006; Rieppel et al., 2002; Sato et al., 2013; Storrs, 1997）。与其他纯信龙属种不同的是，短吻王龙（*Wangosaurus brevirostris*）鼻骨没有退化，沿外鼻孔内缘向前延伸，较为原始。

前额骨和后额骨 短吻王龙 *Wangosaurus brevirostris* 前额骨背视出露较大，没有细长的前突进入到前颌骨与上颌骨之间，但在 *Augustasaurus* 和 *Pistosaurus* 中，由于鼻骨的缺失，前额骨的这一前突很明显。后额骨有一外突，覆盖后眶骨的背突，这一特征与其他属种相同。短吻王龙 *Wangosaurus bre-*

virostris 的前额骨与后额骨不接触,被额骨隔开,这与其他属种相同,但在 *Cymatosaurus* 的两个种中,前额骨与后额骨相接(*C. fridericianus* 和 *C. latifrons*)(Rieppel, 1997a, 1999c; Rieppel et al., 2002)。

额骨 短吻王龙 *Wangosaurus brevirostris* 为成年个体,额骨愈合。*Pistosaurus* 额骨仅在后端愈合,其他属种成年个体额骨均愈合(Rieppel et al., 2002; Sato et al., 2013; Zhao et al., 2008)。短吻王龙(*Wangosaurus brevirostris*)额骨没有后外侧突,这与 *Yunguisaurus* 相似,但后者可能是由于顶孔位于额骨/顶骨缝合线处的原因(Cheng et al., 2006; Sato et al., 2013)。

顶骨 短吻王龙 *Wangosaurus brevirostris* 的顶骨符合强烈收缩,形成矢状嵴这一纯信龙次亚目的鉴定特征,该特征只在 *Corosaurus* 中有反转,其顶骨平台未收缩。短吻王龙 *Wangosaurus brevirostris* 顶孔后移至接近顶骨平台后缘处,而在 *Cymatosaurus* 和 *Corosaurus* 中,顶孔位于顶骨平台中间位置,*Pistosaurus*、*Augustasaurus* 和 *Yunguisaurus* 的顶孔前移(图 5.7),更为进化,尤其是在 *Yunguisaurus* 中,其顶孔已前移至额骨/顶骨缝合线处。

相对于其他纯信龙次亚目的属种来说,短吻王龙 *Wangosaurus brevirostris* 上颞孔明显较长,上颞孔长度/眼眶长度的比率达到 3.1,而其他属种的比率分布在 1.3 到 2.4 之间(表 5.2)。其上颌齿列已延伸至上颞孔前 1/3 处。

颧骨 颧骨沿眼眶腹缘向前延伸,与 *Augustasaurus* 和 *Plesiosaurus* 接近(Rieppel et al., 2002; Storrs, 1997),而在 *Cymatosaurus* 中,颧骨位于眼眶后缘之后,参与眼眶的构成(Rieppel, 1997a)。在 *Wangosaurus*、*Yunguisaurus*、*Pistosaurus* 和 *Augustasaurus* 中,颧骨向后延伸至上颞孔前缘之后,参与上颞弓的构成,而在 *Corosaurus* 和 *Cymatosaurus* 中,颧骨未参与上颞弓构成。

鳞骨 两侧鳞骨不接触,被顶骨隔开,该特征与 *Cymatosaurus* 相同;而在 *Augustasaurus*、*Pistosaurus*、*Yunguisaurus* 和 *Plesiosaurus* 中,两侧鳞骨相接。另外,*Pistosaurus*、*Augustasaurus*、*Yunguisaurus* 和 *Plesiosaurus* 共有的一个特征是鳞骨从侧视、后视和内视包围方骨,形成"盒状悬器"(Rieppel et al., 2002; Storrs, 1997;Storrs and Taylor, 1996; Taylor, 1992),而在短吻王龙 *Wangosaurus brevirostris* 中,鳞骨从侧面覆盖方骨,但并未形成"盒状悬器"。

上枕骨 短吻王龙 *Wangosaurus brevirostris* 上枕骨水平保存,与其他纯信龙次亚目的属种不同。*Corosaurus* 和 *Cymatosaurus* 上枕骨呈近垂直状态保存,*Augustasaurus* 和 *Plesiosaurus* 呈"U"型保存(Rieppel et al., 2002; Storrs,

1997)。

外枕骨和耳骨 在其他纯信龙次亚目的属种中，耳骨细长，呈棒状，与外枕骨构成后外侧向延伸的"副枕突"，与鳞骨围成较大的后颞孔。正是由于枕部这种不紧密接触的结构，不利于枕部骨骼的保存，如 *Cymatosaurus*(Rieppel, 1994a; Rieppel and Werneburg, 1998)。而在短吻王龙(*Wangosaurus brevirostris*)中，耳骨与外枕骨呈板状，没有构成棒状的副枕突，其与鳞骨紧密接触，未见后颞孔。

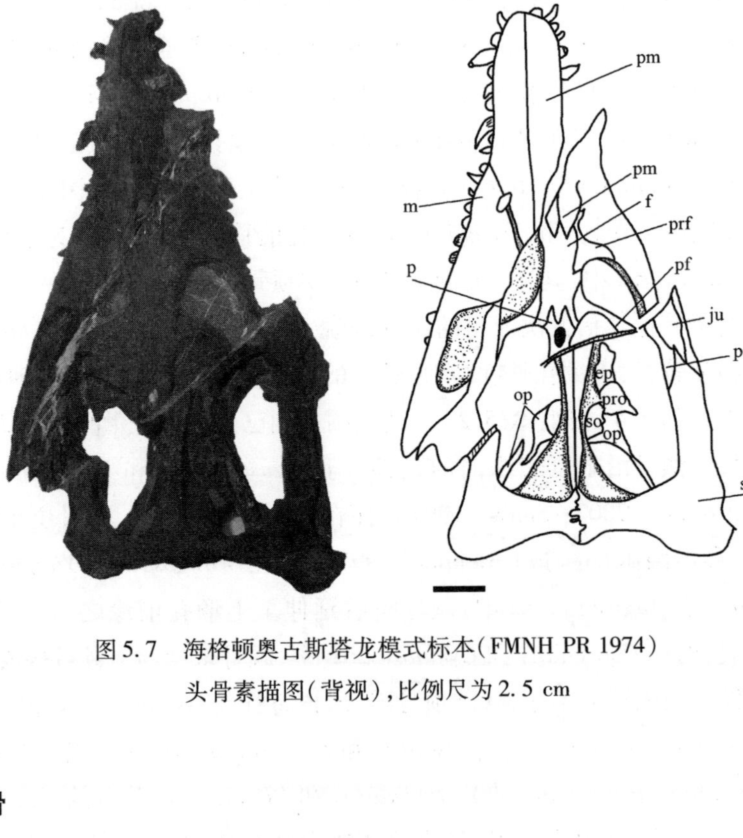

图 5.7 海格顿奥古斯塔龙模式标本(FMNH PR 1974)
头骨素描图(背视)，比例尺为 2.5 cm

脊椎骨

短吻王龙(*Wangosaurus brevirostris*)颈椎数目为 33 枚。在三叠纪鳍龙类群中，只有纯信龙次亚目有颈椎数目多于 30 枚的属种(图 5.8)：*Augustasaurus* 38 枚颈椎，*Yunguisaurus* 49 枚颈椎。*Corosaurus* 为 18 枚颈椎、*Pistosaurus* 至少 25 枚(Rieppel et al., 2002)、*Bobosaurus* 至少 19 枚(Dalla Vecchia, 2006; Fabbri et al., 2013)。在早期(早侏罗世)的蛇颈龙类群中，*Plesiosau-*

rus 颈椎数目 38 ~42 枚(Strorrs, 1997), *Thalassiodracon* 31 枚(Benson et al., 2012; O' Keefe, 2001; Storrs, 1993; Storrs and Taylor, 1996), *Eoplesiosaurus* 至少 38 枚, *Avalonnectes* 约为 26 ~ 28 枚, *Rhomaleosaurus* 为 28 枚(Benson et al., 2012)。因此,多达 33 枚的颈椎数目是短吻王龙(*Wangosaurus brevirostris*)较为进化的一个特征。

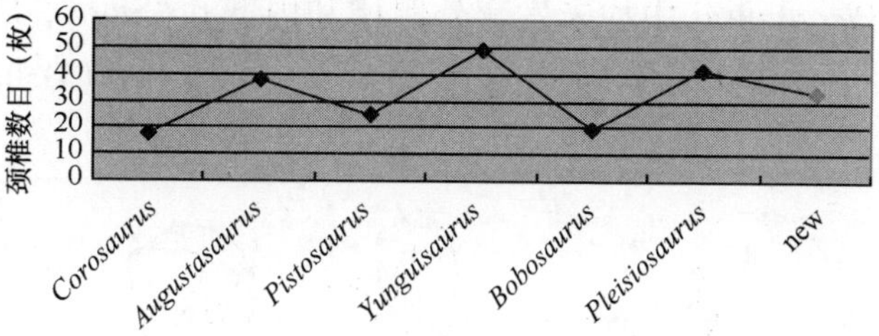

图 5.8　三叠纪纯信龙次亚目(Pistosauroidea)颈椎数目对比

前肢

肱骨　短吻王龙(*Wangosaurus brevirostris*)肱骨前缘外突,后缘内凹,且后缘距近端约 1/3 处有一突起(图 5.9),可能为背阔肌嵴,内髁孔和外髁槽均保存(图 5.9),外髁槽未封闭。早三叠世晚期的 *Corosaurus*、*Kwangsisaurus*,中三叠世拉丁期的 *Chinchenia* 肱骨骨干弯曲程度非常明显,肱骨前缘外凸(图 5.2),与蛇颈龙类相对较直的骨干显著不同,而与幻龙类比较接近。*Corosaurus*、*Chinchenia* 和短吻王龙 *Wangosaurus brevirostris* 均保存有外髁槽(图 5.9),供桡神经和血管通过(Storrs, 1991)。*Kwangsisaurus* 肱骨远端未见外髁槽,但可能与其保存变形程度有关。*Corosaurus* 和短吻王龙 *Wangosaurus brevirostris* 保存有内髁孔(Rieppel, 1998;Storrs, 1991),供前臂屈肌附着(Storrs, 1991),保存于美国菲尔德自然博物馆的 *Corosaurus* 肱骨(标本号 PR 135)上未见内髁孔,可能与其高度压扁的保存状况有关(图 5.9)。

Cymatosaurus 的肱骨骨干相对较直,前缘和后缘均收缩,近端的三角肌嵴(deltopectoral crest)发育非常明显,远端保存外髁槽(Rieppel, 1994a; Sander et al., 2014),在其中一枚肱骨上发育内髁孔(Rieppel, 1994a)。

在相对进化的类群中,*Pistosaurus*、*Yunguisaurus* 和 *Bobosaurus* 骨干相对较直,肱骨前缘相对平直(图 5.9),其中 *Yunguisaurus* 和 *Bobosaurus* 肱骨较粗

壮,与蛇颈龙 *Plesiosaurus* 接近。蛇颈龙肱骨粗壮,骨干相对较直(图 5.9),其肱骨的弯曲主要是由非常发育、向内侧突出的内髁造成(Rieppel et al.,2002; Storrs, 1997)。而 *Augustasaurus* 肱骨细长,长 169.30 mm,近端宽大于 25.65 mm,远端宽 47.89 mm,最窄处宽 21.48 mm,其前缘外凸,骨干弯曲明显。除 *Bobosaurus* 肱骨远端保存不完整之外,*Pistosaurus*、*Yunguisaurus*、*Augustasaurus* 和 *Plesiosaurus* 中均未发育外髁槽和内髁孔(Storrs, 1997; Sues, 1987)。*Bobosaurus* 和 *Plesiosaurus* 近端均缺失三角肌嵴(Dalla Vecchia, 2006)。

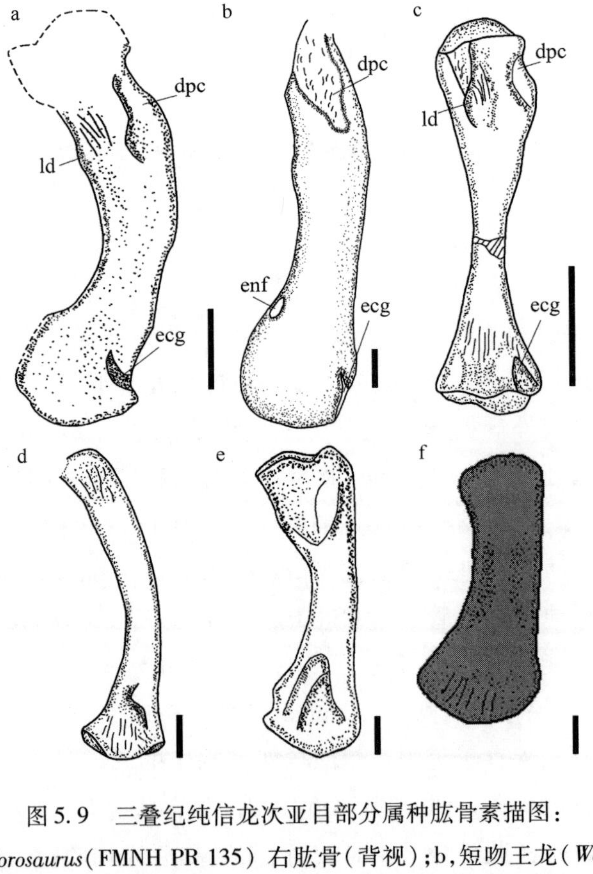

图 5.9 三叠纪纯信龙次亚目部分属种肱骨素描图:

a,*Corosaurus*(FMNH PR 135)右肱骨(背视);b,短吻王龙(*Wangosaurus brevirostris*)右肱骨(背视);c,*Chinchenia*(IVPP 3227)右肱骨(背视);d,*Augustasaurus*(FMNH PR 1974)模式标本左肱骨(腹视);e,*Yunguisaurus*(ZMNH M 8738)左肱骨(腹视);f,*Plesiosaurus*(BMNH 22656)右肱骨(腹视,据 Storrs, 1997:图 11 修改),比例尺为 2 cm

综上所述，在三叠纪纯信龙次亚目中，肱骨骨干相对较直、内髁孔不发育是与蛇颈龙（*Plesiosaurus*）接近的特征；而在其相对原始的属种中，肱骨前缘外凸（*Chinchenia* 除外），骨干弯曲明显，三角肌嵴发育，存在外髁槽，*Corosauru*、*Cymatosaurus* 和短吻王龙（*Wangosaurus brevirostris*）中存在内髁孔。

尺骨和桡骨　在相对原始的属种中，*Corosaurus* 和 *Cymatosaurus* 尺骨前缘内凹，后缘相对平直，*Kwangsisaurus* 尺骨的前/后缘均收缩，但三者的共同点是近端宽度都略大于远端（Sander et al.，2014；Storrs，1991）。短吻王龙（*Wangosaurus brevirostris*）尺骨近端未保存，但依据其远端部分前缘和后缘的走向，可推测尺骨前缘内凹，后缘相对平直，与 *Corosaurus* 和 *Cymatosaurus* 相似。在相对进化的属种中，*Augustasaurus*、*Pistosaurus*、*Yunguisaurus* 尺骨前缘和后缘均内凹，且近端与远端宽度接近相等（Sues，1987）。而在蛇颈龙（*Plesiosaurus*）中，尺骨后缘外凸，尺骨相对粗壮（Rieppel et al.，2002；Storrs，1997）。

桡骨略长于尺骨，其近端宽相对扩展，近端宽大于远端宽。

综上所述，三叠纪纯信龙次亚目相对原始的属种尺骨近端宽略大于远端宽，而在 *Augustasaurus*、*Pistosaurus*、*Yunguisaurus* 这些相对进化的属种中，二者接近等宽。

腕骨　短吻王龙（*Wangosaurus brevirostris*）保存5枚腕骨（图5.10），分别为中央腕骨、尺侧腕骨和远端第二、第三、第四腕骨。*Corosaurus* 保存4枚腕骨，其中最大的1枚 Storrs（1997）认为可能是中央腕骨或尺侧腕骨，其余3枚为远端腕骨，*Corosaurus* 腕骨骨化程度较弱。*Kwangsisaurus* 保存3枚腕骨，中央腕骨位于尺骨远端和桡骨远端之间，近端内凹，表明尺骨远端和桡骨远端之间有穿动脉通过（Rieppel et al.，2002）；其余两枚为尺侧腕骨和第四腕骨。短吻王龙（*Wangosaurus brevirostris*）保存5枚腕骨，中央腕骨近端内凹，与 *Kwangsisaurus* 及其他鳍龙类相同，其余4枚为尺侧腕骨和远端第二、第三、第四腕骨。

Augustasaurus 前肢的腕骨及其后部分保存有错位，在保存的3枚腕骨（图5.11）中，较大的中央腕骨（长径22.46 mm，短径19.42 mm）正对尺骨远端，另有1枚相对较小的腕骨（长径8.81 mm，短径7.39 mm）靠近第二掌骨前缘，Rieppel 等（2002）推测它可能是尺侧腕骨。*Pistosaurus* 仅发现有6枚可能的腕骨，散乱保存，无法对其做出有意义的判断（Sues，1987）。*Bobosau-*

rus 未保存腕骨。

Yunguisaurus 腕骨为 11 枚(图 5.10),中央腕骨近圆形,位于尺骨远端和桡骨远端之间。中列腕骨有 4 枚,从桡侧到尺侧依次为桡侧腕骨、外侧舟状骨、尺侧腕骨和豆状骨,另外,在桡侧腕骨和外侧舟状骨之间,有 1 枚很小的腕骨,可能为内侧舟状骨(centrale)。远列腕骨有 5 枚,从桡侧到尺侧依次为第一到第五远端腕骨。通常鳍龙类近列腕骨为桡侧腕骨、中央腕骨和尺侧腕骨,而在侏罗纪蛇颈龙类 *Cryptoclidus eurymerus* 中,中央腕骨与舟状骨分开(Caldwell, 1997; Sato, 2002),*Yunguisaurus* 舟状骨的存在显示了其与蛇颈龙类接近的特征。

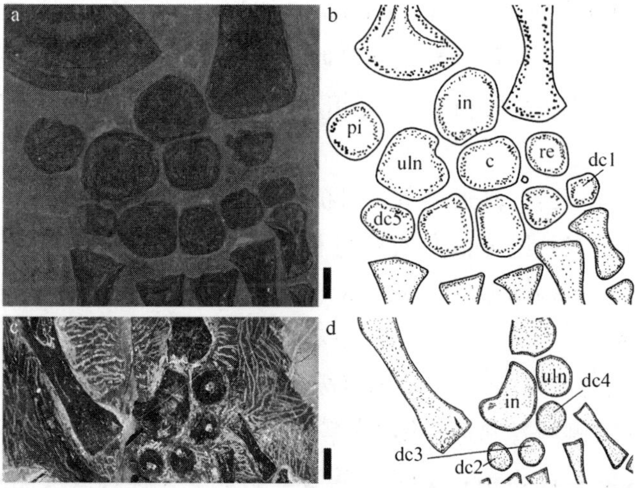

图 5.10 短吻王龙(*Wangosaurus brevirostris*)与 *Yunguisaurus* 腕骨素描图对比:
a,b 为 *Yunguisaurus*(ZMNH M 8738)左前肢腕骨(腹视);c,d 为短吻王龙(*Wangosaurus brevirostris*)左前肢腕骨(背视),比例尺为 2 cm

综上所述,三叠纪纯信龙次亚目腕骨数目大于或等于 4 枚的属种包括 *Corosaurus*、短吻王龙(*Wangosaurus brevirostris*)和 *Yunguisaurus*,后者腕骨多达 11 枚,并出现舟状骨,与 *Plesiosaurus* 接近。

掌骨和指骨 短吻王龙 *Wangosaurus brevirostris* 第三掌骨最长,为 45.72 mm,第一、第五掌骨的位置略高,前肢指骨保存不全,无法建立指式。*Corosaurus* 模式标本的右前肢保存掌骨和指骨,其第三掌骨最长,第一掌骨最短,Storrs (1991) 认为 *Corosaurus* 没有出现多指式现象,末端指骨为较钝圆的爪状。*Kwangsisaurus* 第三、第四掌骨最长，分别为 32.92 mm 和 32.46 mm，第一掌骨的位置略高于其他掌骨，每一列指骨中的第 1 指均保存。

Augustasaurus 第四掌骨最长，为 41.72 mm，其第一掌骨的位置略高，且近端明显扩展（图 5.11）。*Yunguisaurus* 第一掌骨的位置明显高于其他掌骨，接近远端第一腕骨。值得注意的是，*Yunguisaurus* 每一列指骨的第一指骨较长（图 5.11），掌骨长度/与其对应的第 1 枚指骨长度的比值分别是（从第一列到第五列）：1.3/1.5/？/1.3/1.2；而在相对原始的 *Kwangsisaurus* 和短吻王龙 *Wangosaurus brevirostris* 中，每一列指骨的第一指骨相对较短。*Yunguisaurus* 模式标本（幼年个体）前肢指式为 1－5－8（？）－7－4（Cheng et al.，2006；Sato et al.，2013），成年个体（ZMNH M8738）前肢指式为 2－5－6－？－2（？），多指式现象明显（图 5.11）。

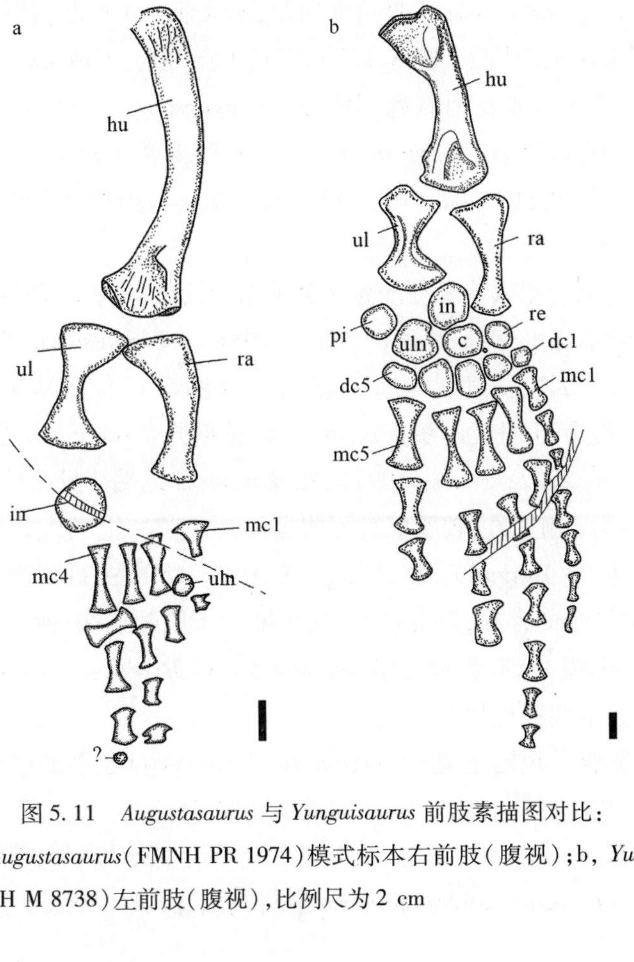

图 5.11　*Augustasaurus* 与 *Yunguisaurus* 前肢素描图对比：
a，*Augustasaurus*（FMNH PR 1974）模式标本右前肢（腹视）；b，*Yunguisaurus*（ZMNH M 8738）左前肢（腹视），比例尺为 2 cm

综上所述,三叠纪纯信龙次亚目 *Yunguisaurus* 中出现明显的多指式现象,而在相对原始的 *Corosaurus* 中不存在该现象;*Yunguisaurus* 每一列指骨的第一指骨较长,与掌骨长度相差较小,这与较原始的 *Kwangsisaurus* 和短吻王龙(*Wangosaurus brevirostris*)不同。

后肢

股骨 短吻王龙(*Wangosaurus brevirostris*)股骨后缘内凹,前缘呈"S"型,近端发育内转子,近端明显宽于远端(图 5.12)。*Corosaurus* 股骨骨干较直,后缘内凹,前缘较平直;近端内转子(internal trochanter)和后腹侧嵴(posteroventral ridge)非常发育,造成股骨近端的扩展,腹视内转子窝(intertrochanteric fossa)明显;远端关节面两个股骨内侧髁(tibial condyle)等大(Storrs, 1991)。*Chinchenia* 股骨后缘内凹,前缘前 1/4 外凸,其后部分内凹,呈"S"型;近端可见内转子(图 5.12)和内转子窝,但与 *Corosaurus* 相比,二者退化;远端关节面的股骨内侧髁不明显。*Cymatosaurus* 股骨骨干较直,后缘内凹,前缘较平直,但与 *Corosaurus* 不同的是,其内转子窝更深,并向远端延伸大约至股骨长轴的中点处(图 5.12);其远端关节面的两个股骨内侧髁等大(Sander et al., 2014)。

在三叠纪纯信龙次亚目与蛇颈龙类关系较近的属种中,*Pistosaurus*、*Yunguisaurus* 股骨前缘平直,后缘内凹(Sues, 1987)。*Yunguisaurus* 股骨粗壮,前缘平直,后缘内凹,近端宽度与远端宽度近等(图 5.12),在其他三叠纪真鳍龙类分子中,股骨近端较远端扩展,而在蛇颈龙类 *Plesiosaurus* 中,股骨远端明显扩展(Sato, 2002; Storrs, 1997);*Yunguisaurus* 近端可见内转子和内转子窝,与 *Corosaurus* 相比,内转子发育不明显。

综上所述,除 *Yunguisaurus* 之外,三叠纪纯信龙次亚目其他属种的股骨细长,由于内转子的存在,近端扩展,其宽度大于股骨远端;而在相对进化的属种 *Yunguisaurus* 中,股骨较短粗,近端与远端接近等宽。*Cymatosaurus* 的内转子窝相对其他属种更加发育。

胫骨和腓骨 短吻王龙(*Wangosaurus brevirostris*)左后肢胫骨远端未保存,前后缘收缩,近端宽 18.68 mm,最窄处宽度为 13.18 mm;腓骨细长,近端与远端宽度基本一致;右后肢胫、腓骨近端未保存,胫骨远端扩展,明显宽于腓骨远端。*Corosaurus* 和 *Cymatosaurus* 腓骨均内缘内凹,外缘平直,而短吻王

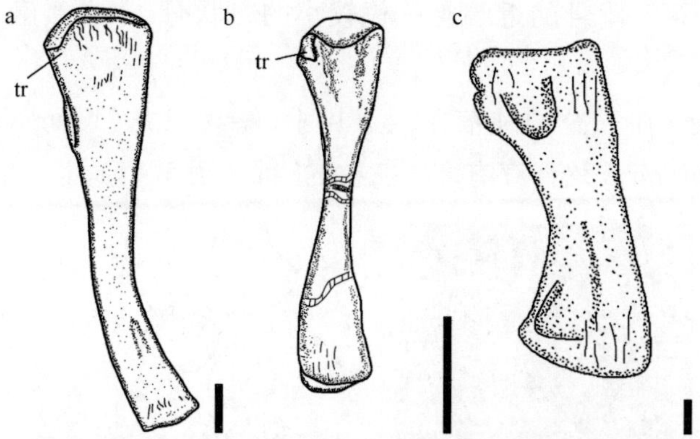

图 5. 12　三叠纪纯信龙次亚目部分属种股骨素描图：

a,短吻王龙(*Wangosaurus brevirostris*)左股骨(背视);b,*Chinchenia*(IVPP 3227)右股骨(背视);c,*Yunguisaurus*(ZMNH M 8738)左股骨(腹视),比例尺为 2 cm

龙(*Wangosaurus brevirostris*)腓骨外缘外凸,腓骨明显弯曲。*Corosaurus* 胫骨近端、远端的宽度与股骨远端的宽度接近;腓骨略短于胫骨(Storrs, 1991)。*Cymatosaurus* 胫骨近端宽于远端,远端背腹侧压扁,后缘前端稍向外突出,后端平直;腓骨较短,比胫骨细长,后缘弯曲明显(Sander et al., 2014)。*Yunguisaurus* 胫骨前后缘均收缩,近端宽度与远端宽度接近,而腓骨远端明显扩展,其远端宽度远大于近端宽度。

跗骨　短吻王龙(*Wangosaurus brevirostris*)保存 4 枚跗骨(图 5. 13),其中,距骨前缘有一小的凹口,前缘可见与胫骨的关节面。跟骨正对腓骨远端关节面,略小于距骨。远端保存两枚跗骨,分别为第三跗骨和第四跗骨,其中第四跗骨位于距骨和跟骨之间。*Corosaurus* 的补充材料中后肢保存有 6 枚近圆形骨块(Storrs, 1991: fig. 4),Storrs(1991)将其中两枚确认为跗骨,分别是距骨和跟骨。*Cymatosaurus* 中也保存有距骨和跟骨,其中距骨的近端与胫骨的远端相互关节(Rieppel, 1993; Sander et al., 2014),跟骨与距骨接触,但未保存关节面(Sander et al., 2014)。

Bobosaurus 胫骨外侧保存有两枚圆形骨块,Dalla Vecchia(2006)推测它们是距骨和跟骨。*Yunguisaurus* 跗骨数目多达 8 枚(图 5. 13),近列保存距骨和跟骨,其中距骨近端与胫骨、腓骨远端关节面可见;远列保存远端第一到

第五跗骨，在第三跗骨的近端有一枚较小的舟状骨，二者接触，但未保存关节面。

综上所述，在三叠纪纯信龙次亚目中，短吻王龙（*Wangosaurus brevirostris*）和 *Yunguisaurus* 均保存有多于三枚的跗骨（图 5.13）。

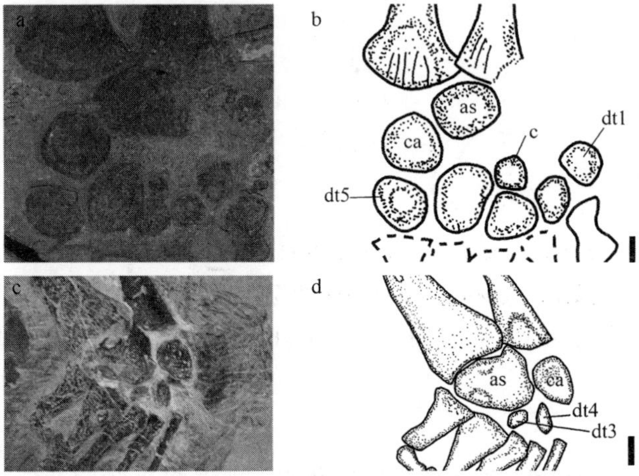

图 5.13　短吻王龙 *Wangosaurus brevirostris* 与 *Yunguisaurus* 跗骨素描图对比：a，b，*Yunguisaurus*（ZMNH M 8738）左后肢跗骨（腹视）；c，d，短吻王龙 *Wangosaurus brevirostris* 右后肢跗骨（腹视），比例尺为 2 cm

跖骨和趾骨　短吻王龙（*Wangosaurus brevirostris*）第一、第二、第三跖骨近端明显宽于远端，同样第三跖骨最长，后肢趾式为 3（?）-3-4-5-5，已出现多趾式现象。值得注意的是，短吻王龙（*Wangosaurus brevirostris*）左后肢第二趾末端趾节后缘外凸，明显膨大，前缘相对平直，呈锋利的爪状，这在三叠纪鳍龙类群中只有始鳍龙类滇东龙（Diandongosaurus）有后缘明显外凸、前缘平直的钩状趾（Shang et al.，2011）。

Corosaurus 仅保存 3 枚跖骨和一枚趾骨，位置有错动，其中第三跖骨最长（Storrs，1991）。

Yunguisaurus 第一跖骨的位置明显比其他 4 枚跖骨靠前，近端已接近第一跗骨），第三和第四跖骨最为靠后。*Yunguisaurus* 成年个体（ZMNH M8738）趾式为 3-6-10-9-6，多趾式现象非常明显，与早侏罗世的蛇颈龙（*Plesiosaurus*）接近，3-7-6+-6+-7（Storrs，1997：fig. 11）。

综上所述，在三叠纪纯信龙次亚目相对原始的属种中，已开始出现跗骨数目多于三枚和多趾式现象，如短吻王龙（*Wangosaurus brevirostris*）保存四枚跗骨，其后肢趾式为3（?）-3-4-5-5，其第五趾出现多趾式现象；二者相对进化的 *Yunguisaurus* 中，跗骨数目和趾式都更加接近蛇颈龙类。此外，*Yunguisaurus* 的第一跖骨的位置靠前，已接近第一跗骨这一现象也与早期的蛇颈龙类相似。

5.2.2 短吻王龙（*Wangosaurus brevirostris*）后肢与顶效龙、云贵龙后肢的比较

刘冠邦等（2002）以贵州兴义顶效绿荫村中三叠统拉丁阶杨柳井组的灰黑色中薄层灰岩中发现的两个后肢命名了绿荫顶效龙（*Dingxiaosaurus luyinensis* Liu et al.，2002），认为它是早期海生爬行动物进化的一个比较原始而孤立的新种类，不能归入已知鱼龙和蛇颈龙类的任何科中，建立顶效龙科，暂时归入鱼龙目。

在三叠纪纯信龙次亚目的化石材料中，只有短吻王龙、云贵龙和绿荫顶效龙保存有较完整的后肢，因此，单独在本小节中详细讨论三者的形态学对比。

经过对该标本的观察，并与纯信龙类云贵龙（*Yunguisaurus*）成年个体的后肢（ZMNH M8738）进行比较，认为它与云贵龙（*Yunguisaurus*）后肢十分相似，应为后肢（马乐天，2011）。

研究方法 详细观察绿荫顶效龙标本及对照标本，拍摄数码照片、绘制素描图件（图5.14），进行详细形态描述和对照。同时，用十分格游标卡尺对其胫骨、腓骨、跗骨、跖骨和趾骨的各骨块进行详细测量（表5.3）。因云贵龙（*Yunguisaurus*）模式标本为幼年个体，本文的对照标本采用其补充材料，保存于浙江自然博物馆的云贵龙（*Yunguisaurus*）成年个体（标本号 ZMNH M8738），同样测量相应各骨块数据（表5.3）。

表 5.3　绿荫顶效龙(*Dingxiaosaurus luyine*nesis)(DMK 8)

后肢部分测量数据及其与云贵龙(*Yunguisaurus*)(ZMNH M8738)后肢的对比(mm)

	胫骨长	胫骨近端宽	胫骨远端宽	腓骨长	腓骨近端宽	腓骨远端宽
顶效龙	105.5(左) 110.8(右)	51.5(左) 48.2(右)	45.0(左) 46.5(右)	117.3(左) 121.5(右)	34.6(左) 39.6(右)	51.0(左) 48.2(右)
云贵龙 (ZMNH M8738)	108.1(左) 109.4(右)	51.9(左) 54.3(右)	46.7(左) 46.9(右)	125.5(左) 110.8(右)	37.5(左) 37.7(右)	62.0(左) 61.8(右)
短吻王龙	?(左) ?(右)	18.7(左) ?(右)	?(左) 28.7(右)	90.3(左) ?(右)	23.5(左) ?(右)	21.0(左) 21.8(右)

为了更好地对比其长骨形态特征,计算胫骨长度与腓骨长度比值、胫(腓)骨远端宽度与近端宽度比值、胫骨长/胫骨最窄处宽(表 5.4),并结合文献中其他纯信龙次亚目属种的相应数据进行对比。

表 5.4　绿荫顶效龙(*Dingxiaosaurus luyine*nesis)(DMK 8)

与三叠纪纯信龙次亚目部分属种后肢测量数据比率

	胫骨长/腓骨长	胫骨远端宽/近端宽	腓骨远端宽/近端宽	胫骨长/最窄处宽	腓骨长/最窄处宽
Dingxiaosaurus	0.9	0.9	1.3	3.6	3.6
Yunguisaurus (ZMNHM8738)	0.9	0.9	1.6	4.4	4.7
Cymatosaurus *	1.2	0.8	—	5.3	—
Wangosaurus	—	—	0.9	—	7.4
Bobosaurus *	—	—	—	6.3	—

* 表示数据来源于文献,其他为标本实际测量数据(Dalla Vecchia, 2006; Sander et al., 2014)。

标本描述　绿荫顶效龙股骨仅在左肢保存远端的一小部分,远端扩展呈扇状,腹面较平。腓骨比胫骨略短,长度分别为 105.5 mm 和 117.3 mm(表 5.3),长明显大于宽。腓骨扁平,有骨干,远端宽于近端,分别为 48.2 mm 和 39.6 mm,后缘较前缘平直,在距近端 3/4 处略向内凹。胫骨有骨干,近端宽于远端,分别为 51.5 mm 和 43 mm,外缘、内缘均弯曲,轴前后收缩近似相等。左肢保存 7 枚跗骨,右肢保存了 6 枚。近列仅保存距骨和跟骨,二者保留接触面。距骨正对胫、腓骨远端间隙,右肢距骨近端可见凹陷。远列的4枚跗骨可初步确定第四、第五两枚。另在近、远列跗骨之间有一枚小跗骨。距骨、跟骨和第四跗骨较大,呈多边形;第五跗骨略小,近似椭圆;其他3枚跗骨小。跖骨共5枚,在左肢中保存完整,在右肢中第一跖骨仅保存中间的一小部分。第一跖骨较短小,前后缘相对其他跖骨来说较平直;第三、第四跖骨长度近似相等,分别为63 mm和62.8 mm,长于其他3枚跖骨。第五跖骨细长而直。共5列趾骨,由前至后可观察到的趾节数分别为3,7,8,8,5。趾骨均呈棒状,两端略宽,每列趾骨的长宽比小于其所对应的跖骨(图5.14)。

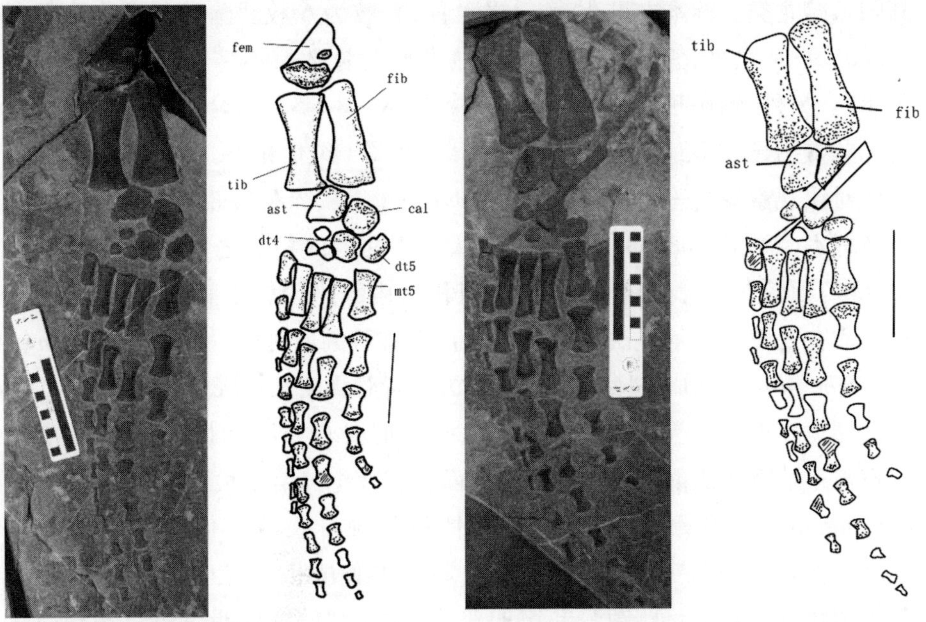

图5.14　绿荫顶效龙(*Dingxiaosaurus luyinensis*)(DMK 8)后肢素描图,比例尺为10 cm

测量结果　对短吻王龙(*Wangosaurus brevirostris*)、顶效龙(*Dingxiaosaurus*)和云贵龙(*Yunguisaurus*)成年个体(标本号ZMNH M8738)后肢测量结果列表如下。

比较与讨论　刘冠邦(2002)根据发现于贵州顶效中三叠统拉丁阶地层的后肢标本建立顶效龙科(Dingxiaosauridae),命名新属新种 *Dingxiaosaurus luyinensis*,并将顶效龙科暂时归入鱼龙目。Cheng 等(2006) 认为该标本很可能是纯信龙类化石材料,与李氏云贵龙(*Yunguisaurus liae*)模式标本对比认为它有可能是前肢,与前者的主要区别在于指节数量的不同,由于化石材料不完整,无法找到足够的鉴定特征,将 *Dingxiaosaurus luyinensis* 归为存疑名称,李锦玲和金帆(2009)持相同观点。

李氏云贵龙(*Yunguisaurus liae*)模式标本为幼年个体,且后肢趾节只保存了一小部分,Sato 等(2013)报道的云贵龙属 *Yunguisaurus* cf. *Y. liae*(标本号 ZMNH M8738)为成年个体,其四肢保存更加完整,为绿荫顶效龙与云贵龙四肢的进一步形态对比提供了很好的材料。

经过对标本的详细观察,根据标本细长而直的第五跖骨特征,首先可将其归入鳍龙类。标本左肢保存 7 枚跗骨,右肢为 6 枚。除纯信龙次亚目的 *Yunguisaurus* 之外,三叠纪鳍龙类其他类群跗骨数目不多于 4 枚(Rieppel,1998)。另外,绿荫顶效龙的趾式为 3 – 7 – 8 – 8 – 5。综合其多达 7 枚的跗骨和非常明显的多趾式现象,表明其很可能属于纯信龙类。

对比观察短吻王龙(*Wangosaurus brevirostris*)、绿荫顶效龙和云贵龙成年个体标本(ZMNH M8738),进一步确认了后两者的相似之处(图 5. 15)。第一,绿荫顶效龙腓骨外缘略向内凹,但相对内缘来说较平直,这与云贵龙相似。而在三叠纪纯信龙次亚目其他保存有腓骨的属种中,短吻王龙(*Wangosaurus brevirostris*)腓骨外缘外凸。第二,二者腓骨略长于胫骨,且胫骨的近端与远端宽度近乎相等,根据测量结果,二者胫骨长与腓骨长的比值、胫骨近端宽与远端宽的比值相同(表 5. 3)。而在三叠纪纯信龙次亚目其他属种中,*Cymatosaurus* 的腓骨短于胫骨,其胫骨长与腓骨长的比值为 1. 2 (Sander et al., 2014)。第三,绿荫顶效龙两肢均存在第五跗骨,位于第五跖骨前端,呈椭圆状,略小于距骨、跟骨和第四跗骨,左前肢的第五跗骨可见与跟骨的关节面(图 5. 14)。在云贵龙成年个体(图 5. 15)中,左右后肢也均保存第五跗骨,呈椭圆状,保存与跟骨、第四跗骨的关节面。在云贵龙模式标本幼年个体中,第五跖骨前端也保存有一枚远端跗骨(Cheng et al., 2006: fig. 2c, 2d; Sato et al., 2010: fig. 10b),明显小于距骨和跟骨,很有可能为第五跗骨。第四,二者跗骨排列方式极为相似,尤其是远端第二、第三、第四跗骨的排列,均位于相对应跖骨的近端;舟状骨(centrale)位于第三远端跗骨的近端,明显小于其他跗骨。第五,二者跖骨排列方式相近。第一跖骨的位置明显比其他 4 枚跖骨靠前,第三和第四跖骨最为靠后,在云贵龙中第一跖骨的近端已接近第I跗骨(图 5. 15)。第六,绿荫顶效龙的趾式为 3 – 7 – 8 – 8 – 5,云贵龙成年个体(ZMNH M8738)趾式为3-6-10-9-6,二者的多趾式现象非常明显,与早侏罗世的蛇颈龙(*Plesiosaurus*)接近,3-7-6+-6+-7(Storrs, 1997: fig. 11)。

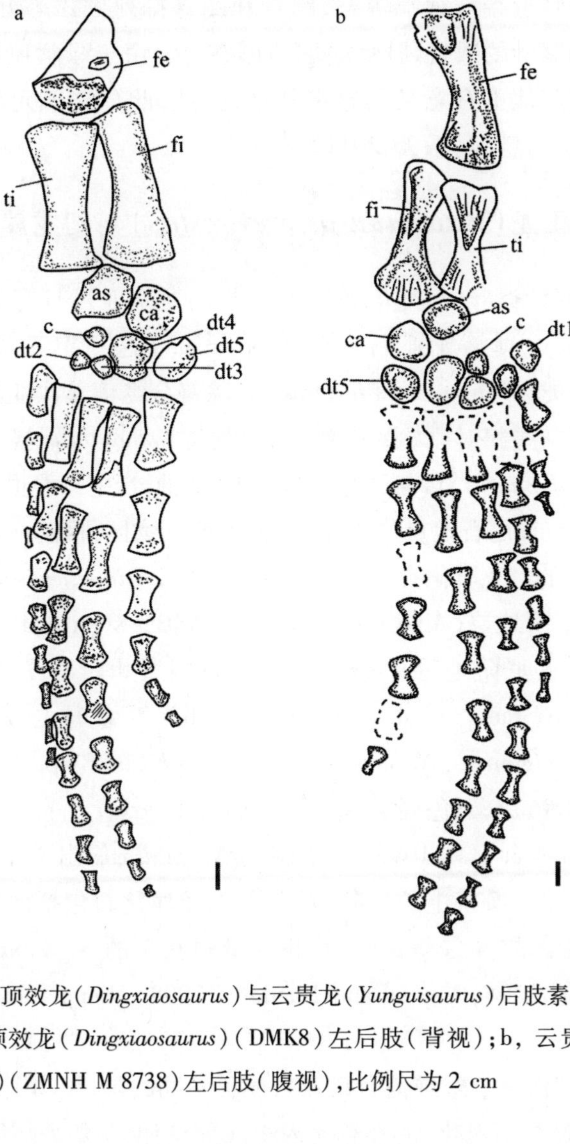

图 5.15 顶效龙(*Dingxiaosaurus*)与云贵龙(*Yunguisaurus*)后肢素描图对比: a, 顶效龙(*Dingxiaosaurus*)(DMK8)左后肢(背视);b, 云贵龙(*Yunguisaurus*)(ZMNH M 8738)左后肢(腹视),比例尺为2 cm

虽然绿荫顶效龙与云贵龙成年个体(ZMNH M8738)的后肢十分相似,但除趾骨的数目之外,二者的主要区别如下:云贵龙跗骨为8枚,绿荫顶效龙与之相比,未保存第一跗骨;云贵龙腓骨的远端更加扩展,呈扇状(图5.15),这也体现在腓骨远端宽与近端宽的比值上，前者为1.3，后肢为1.6（表5.4）。

总之，根据绿荫顶效龙七枚跗骨和明显多趾式的特征，可将其归为纯信龙类。它与云贵龙的后肢极为相似，具体体现在腓骨外缘较平直、腓骨与胫骨接近等长、腓骨近端与远端等宽、跗骨和跖骨排列方式等方面，但二者仍有不同之处，如跗骨的数目、腓骨远端的形态等。由于绿荫顶效龙标本仅保存两后肢，缺乏其他更有意义的鉴定特征，因此，此分类单元是否成立需要更完整的解剖学信息（马乐天，2011）。

5.2.3 短吻王龙（*Wangosaurus brevirostris*）与幻龙属的比较

在三叠纪鳍龙类群中，纯信龙次亚目与幻龙次亚目具有最近的亲缘关系，二者共同构成真鳍龙亚目（Eusauropterygia）这一单系类群（Rieppel，2000）。短吻王龙（*Wangosaurus brevirostris*）除符合纯信龙次亚目的鉴定特征之外，还保存有一些相对原始的性状，与幻龙属 *Nothosaurus* 接近。

幻龙属（*Nothosaurus*）目前已有效命名13个种，自中三叠世安尼期早期到晚拉丁期均有分布，化石地点位于东、西特提斯生物区，目前在东太平洋区还没有发现。最早的幻龙属化石 *N. winkelhorsti* 和 *N. winterswijkensis* 出现在荷兰中三叠统下安尼阶地层（Albers and Rieppel，2003；Klein and Albers，2009）。此外，中三叠统安尼阶地层中还有发现于我国贵州盘县中安尼阶地层的 *N. yangjuanensis*（Jiang et al.，2005a，2006b）和德国上安尼阶地层的 *N. mirabilis*，*N. giganteus*，*N. juvenilis* 和 *N. marchicus*（Rieppel，1994b；Rieppel and Wild，1996）。以色列的 *N. hassi* 和 *N. tchernovi* 出自上安尼阶或下拉丁阶地层（Rieppel et al.，1999）。德国的 *N. jagisteus* 出自下拉丁阶地层。分布层位最高（中三叠统上拉丁阶地层）的幻龙属化石包括西班牙的 *N. cymotosauroides*、德国的 *N. edingerae* 和我国贵州兴义的 *N. youni*（李锦玲和奥利维尔·瑞博尔，2004；Rieppel and Hagdorn，1998；Rieppel and Wild，1994，1996）。

鼻骨 与其他三叠纪纯信龙次亚目属种不同的是，短吻王龙（*Wangosaurus brevirostris*）鼻骨不退化，沿外鼻孔内缘向前延伸，与幻龙属分子相同。在 *N. winkelhorsti*，*N. hassi*，*N. yangjuanensis*，*N. edingerae*，*N. youngi* 中，延伸至其中点处，未到达其前缘，与短吻王龙（*Wangosaurus brevirostris*）相似。在幻龙属的其他分子中，鼻骨向前延伸到了外鼻孔的前缘，围成后者的整个内缘。

额骨 幻龙属分子额骨愈合,短吻王龙(*Wangosaurus brevirostris*)与其相同。

顶孔 短吻王龙(*Wangosaurus brevirostris*)顶孔后移至接近顶骨平台后缘处,而在幻龙属分子中,除 *N. winkelhorsti* 之外,其顶孔均后移至顶骨平台靠后位置。

上颞孔 短吻王龙(*Wangosaurus brevirostris*)上颞孔明显长于其他纯信龙次亚目分子,而与幻龙属分子较为接近。短吻王龙(*Wangosaurus brevirostris*)上颞孔长度与眼眶长度比例(3.1)落在幻龙属分子相应比例的区间内(1.6~3.8),其中 *N. mirabilis* 和 *N. giganteus* 均大于3.0(表5.5)。

上枕骨 短吻王龙(*Wangosaurus brevirostris*)上枕骨水平保存,与幻龙属分子相同。但后者的上枕骨与顶骨紧密相接(suture),而短吻王龙(*Wangosaurus brevirostris*)的上枕骨低于顶骨的位置。

外枕骨和耳骨 与短吻王龙(*Wangosaurus brevirostris*)相同的是,幻龙属分子没有后外侧向延伸的副枕突,耳骨与外枕骨呈板状,与鳞骨紧密接触,后颞孔不存在或很小(Rieppel, 1994b; Shang, 2006)。

综上所述,短吻王龙(*Wangosaurus brevirostris*)具有符合纯信龙次亚目的鉴定特征:顶骨平台强烈收缩形成矢状嵴;颈椎数目为33枚;腕骨5枚;跗骨4枚;后肢出现多趾式现象。但与此同时,短吻王龙(*Wangosaurus brevirostris*)也保存了与幻龙属相似的特点,如鼻骨不退化、较长的上颞孔、顶孔位置明显后移、水平保存的上枕骨、板状的外枕骨和耳骨。

表 5.5 短吻王龙(*Wangosaurus brevirostris*)头部测量数据及其与幻龙属分子对比

	Wangosaurus	*N. winterswijkensis*	*N. winkelhorsti*	*N. yangjuanensis*	*N. juvenilis*	*N. youngi*	*N. marchicus*
头长/吻端－外鼻孔	6.1	5.63	6.08	7.48	4.7	5.5	5.3～6.0
吻端－上颞孔/吻端－外鼻孔	2.9	3.15～3.19	3.77	3.31	2.74	3.0	2.9～3.4
头长/吻端－眼眶前缘	3.6	3.03	3	3.65	2.6	2.9	2.9～3.1
吻端－外鼻孔/吻收缩部宽	1.4	1.04～1.15	1.24	1.2	1.55	1.4	1.1～1.4
吻端－眼眶/吻端－外鼻孔	1.7	1.86～1.88	2.01	1.98	1.74	1.9	1.8～2.0
头长/上颞孔长	2.1	2.74	3.02	2.43	3.08	2.9	2.6～3.0
上颞孔长/眼眶长	3.1	2.03	1.71	2.55	1.58	2.0	2.1～3.0
	N. jagisteus	*N. tchernovi*	*N. hassi*	*N. mirabils*	*N. giganteus*	*N. edingerae*	
头长/吻端－外鼻孔	4.33	4.5	3.1	4.4	5.46	4.5	
吻端－上颞孔/吻端－外鼻孔	2.41	2.45	2.04	2.2～2.7	2.6～3.4	2.88	
头长/吻端－眼眶前缘	2.77	2.6	2	2.6	2.9	2.7	
吻端－外鼻孔/吻收缩部宽	1.98	2	2.62	1.5～2.5	1.2～1.6	1.3	
吻端－眼眶/吻端－外鼻孔	1.55	1.59	1.5	1.5～1.7	1.6～2.0	1.88	
头长/上颞孔长	2.69	?	?	2.3～2.5	2.42	2.58	
上颞孔长/眼眶长	2.8	?	?	2.9～3.8	3.67	2.43	

注:表中幻龙属数据来源于文献(李锦玲和奥利维尔·瑞博尔,2004;Albers and Rieppel, 2003; Jiang et al., 2006b; Klein and Albers, 2009; Rieppel, 1994b; Rieppel and Wild, 1996; Rieppel et al., 1999; Shang, 2006)。

第 6 章　纯信龙次亚目系统学研究

6.1　纯信龙次亚目分支系统谱系研究历史简述

纯信龙次亚目（Pistosauroidea）最初由 Baur（1887－90）命名，其单系性已经得到了学者们的认可（Fabbri et al.，2013；Rieppel，2000；Cheng et al.，2006；Sander et al.，2014；Sato et al.，2013），然而其内部类群之间的关系仍然存在争议。

早期发现的相对完整的化石材料是 *Cymatosaurus*、*Corosaurus* 和 *Pistosaurus*。*Cymatosaurus* 早期被认为与幻龙次亚目的 *Germanosaurus* 关系较近（Huene，1944），主要依据是 *Germanosaurus* 和 *Cymatosaurus* 的部分标本鼻骨退化，但仍与外鼻孔接触。Sanz（1983）认为 *Cymatosaurus* 和 *Pistosaurus* 与鳍龙干群的关系较近，其主要依据是背椎存在椎弓突和椎弓凹、荐前椎椎体存在两个神经孔等特征。Rieppel（1997a，1998）对 *Cymatosaurus* 进行厘定，并对鳍龙超目进行分支系统学分析，认为 *Cymatosaurus* 和 *Pistosaurus* 构成姐妹群关系，二者共同与 *Corosaurus* 构成单系，支持该单系的共源性状包括：鳞骨上存在凹槽，与后外侧向延伸的副枕突相关节；肩胛骨棒状背突的远端扩展。Sues（1987）详细研究了 *Pistosaurus* 的头后骨骼并对鳍龙超目进行了分支系统学分析，认为 *Pistosaurus* 与蛇颈龙类关系较近，依据包括鼻骨不参与外鼻孔的构成、顶孔前移、肱骨内髁孔缺失、乌喙骨内缘扩展、髂骨有后背侧向延伸的棒状结构等特征，并认为 *Pistosaurus* 与蛇颈龙类构成姐妹群关系。

为了探讨我国华南发现的破碎化石材料 *Kwangsisaurus*、*Chinchenia* 和 *Sanchiaosaurus* 与其他地区三叠纪鳍龙类材料的古地理关联，Rieppel（1999b）对这三个属进行了重新研究，并提取性状特征，将其纳入分支谱系的分析中，得出的结果显示前两者属于纯信龙次亚目。就纯信龙次亚目内部谱系关系而言，*Corosaurus*、*Chinchenia* 和 *Kwangsisaurus* 构成单系（支持该单系的同源性状主要是背肋的后表面存在凹槽），但该单系内部三者的具体关系不明，主要原

因是 *Kwangsisaurus* 和 *Chinchenia* 材料十分破碎，可提取的性状很少。

自 20 世纪末，北美洲和我国华南地区三叠纪纯信龙次亚目短吻王龙(*Wangosaurus brevirostris*)有了更多的发现和报道，学者们对于其内部谱系演化有了新的认识。Rieppel 等(2002) 对出自美国内华达地区中三叠统上安尼阶的纯信龙类材料 *Augustasaurus*(Sander et al., 1997)头骨进行了详细描述，发现其与 *Pistosaurus* 有许多共同的进化特征，如鼻骨缺失、上枕骨呈"U"型保存等。为了确定 *Augustasaurus* 在鳍龙超目中的分类位置，在 Rieppel (1998)基础上，增加 *Augustasaurus* 和侏罗纪的蛇颈龙(*Plesiosaurus*)两个属，新增 17 个性状，对鳍龙超目进行了新的分支系统学分析(图 6.1)。其分析确认了 *Augustasaurus* 属于纯信龙次亚目 Pistosauroidea，与 *Pistosaurus* 构成姐妹群，二者是纯信龙次亚目中相对进化的属种，与侏罗纪蛇颈龙(*Plesiosaurus*)关系密切。由((*Pistosaurus* + *Augustasaurus*) + *Plesiosaurus*)构成的这一单系稳定，支持它的同源性状包括鼻骨缺失、顶孔前移、颧骨进入上颞弓、上枕骨"U"型保存、两侧鳞骨相接触等。在其分析中，首次确认 *Cymatosaurus* 和 *Corosaurus* 的姐妹群关系，但并不稳定，如果在分析中加入中国的破碎材料 *Kwangsisaurus*、*Chinchenia* 和 *Sanchiaosaurus*，则其姐妹群关系不复存在。

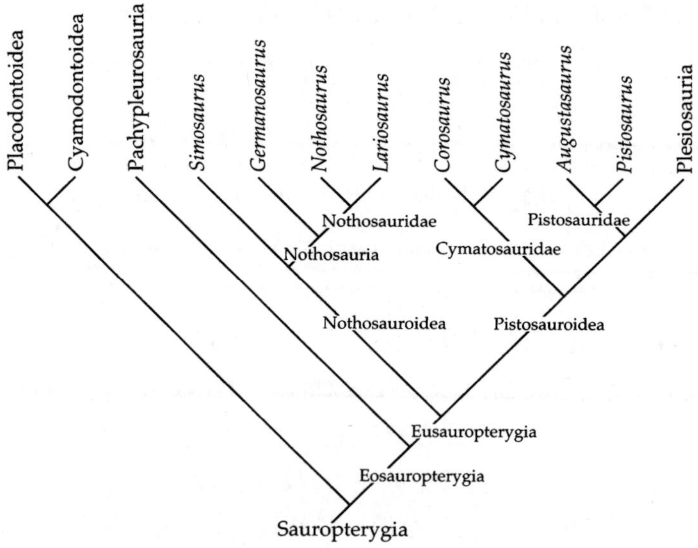

图 6.1 鳍龙超目的谱系演化关系(Rieppel, 2000)

Cheng 等(2006) 报道出自我国贵州中三叠统拉丁阶地层的 *Yunguisaurus* 模式标本(幼年个体),并基于 *Rieppel* 等(2002)加入了两个新属、修正了三个属在两个性状中的编码、对一个性状增加状态、删除一个关联性状。结果与 Rieppel 等(2002) 主要的不同之处在于,稳定单系((*Pistosaurus* + *Augustasaurus*) + *Plesiosaurus*)不再存在,(*Augustasaurus* + *Pistosaurus*)和(*Cymatosaurus* + *Corosaurus*)这两个姐妹群也不再存在。如果再加入我国的破碎化石材料 *Kwangsisaurus*、*Chinchenia* 和 *Sanchiaosaurus*,则 *Corosaurus* 和 *Cymatosaurus* 不再属于纯信龙次亚目,且(*Kwangsisaurus* + *Chinchenia* + *Corosaurus*)这一单系也不再存在。在只加入两个新属(其中一个是早期蛇颈龙类海洋龙 *Thalassiodracon*)、对性状编码做出微调的情况下,纯信龙次亚目内部的谱系关系发生较大改变的主要原因是 *Yunguisaurus* 同时具有原始特征(如鼻骨存在、椎体腹面不存在下中心孔)和进化特征(如尺骨远端扩展)。

Sato 等(2013)基于对 *Yunguisaurus* 的深入研究,在 Liu 等(2011)性状矩阵[同样基于 Rieppel 等,(2002), 增加两个性状,对性状的顺序进行调整]的基础上,增加 6 个属(纯信龙类的 *Yunguisaurus*、*Bobosaurus*、一个龟类的属和中国 3 件破碎材料 *Kwangsisaurus*、*Chinchenia* 和 *Sanchiaosaurus*),并更新了对 *Yunguisaurus* 的编码,删除 2 个性状,对 4 个性状增加状态。分析结果与 Cheng 等(2006) 的主要区别在于 *Cymatosaurus* 与 *Sanchiaosaurus* 构成的姐妹群位于纯信龙次亚目内部,而(*Corosaurus* + *Kwangsisaurus* + *Chinchenia*)构成单系,在真鳍龙亚目内部的具体位置不明。

综上所述,自 Rieppel 等(2002)对鳍龙超目进行了全面的分支系统学分析以来,后人的研究均基于该基础之上,加入新属,对性状编码进行微调。而 20 世纪 90 年代以来,我国大量鳍龙类化石的发现与报道,带来了更多的性状信息。这为鳍龙类研究提供新证据的同时,也为其分支系统学分析带来挑战,导致鳍龙超目谱系演化关系非常不稳定,三叠纪纯信龙次亚目内部谱系演化也存在争议。

6.2 纯信龙次亚目分支系统分析

6.2.1 类群的选取

本文的目的在于确认主要研究材料——贵州兴义地区中三叠世拉丁期

短吻王龙(*Wangosaurus brevirostris*)在鳍龙超目中的位置,并讨论三叠纪纯信龙次亚目内部的谱系关系,而不是探讨鳍龙超目属种的演化关系。

外群选取——假定一个编码全是零的祖先作为外类群。

内群选取——本文选择目前已经报道的所有三叠纪鳍龙类群的有效命名属、侏罗纪早期蛇颈龙类的蛇颈龙属(*Plesiosaurus*)以及部分与鳍龙类关系较近的龟类、有鳞类等。

6.2.2 性状分析

本文中分支系统学分析所选取的性状共 141 个,其中 135 个源自 Rieppel 等(2002),2 个源自 Liu 等(2011),3 个源自 Neenan 等(2013),新增性状 1 个。新性状描述如下。

141 上枕骨位置低于顶骨(0);与顶骨水平,并紧密接触(1)。在贵州兴义中三叠统拉丁期地层中发现的短吻王龙(*Wangosaurus brevirostris*)中,上枕骨水平保存,但位置低于顶骨;在 *Nothosaurus* 和 *Lariosaurus* 中,上枕骨水平保存,且与顶骨在水平方向上紧密接触。

6.2.3 编码和运算

性状列表和编码见附录Ⅰ和附录Ⅱ,共 141 个性状,42 个内类群和 1 个编码全为零的外类群。所有性状均为同权重。矩阵的运算采用 PAUP4. 0b10 (Swofford, 2002),树的搜索采用启发式(heuristic search)运算法则,利用简约法则,得到了 28 棵最简约树(附录Ⅲ,步长 =534,CI =0. 352 1,RI =0. 681 1)。在这 28 棵最简约树的基础之上,计算严格合意树(图 6. 2),并进行了 Bootstrap 分析和 Bremer support 分析。Bootstrap 分析采用重复计算 1000 次,树的检索方法采用启发式(heuristic search)搜索,并将各分支支持数值超过 50% 标示在严格合意树(图 6. 2)上。Bremer support 分析中,每一步的树的搜索均是采用 hsearch 法则进行,结果标示在严格合意树上(图 6. 2)。同时,本文将短吻王龙(*Wangosaurus brevirostris*)限定在幻龙科 Nothosauridae 中,检索方法采用启发式(heuristic search),观察增加的步长。本文对谱系的讨论主要依据严格合意树。

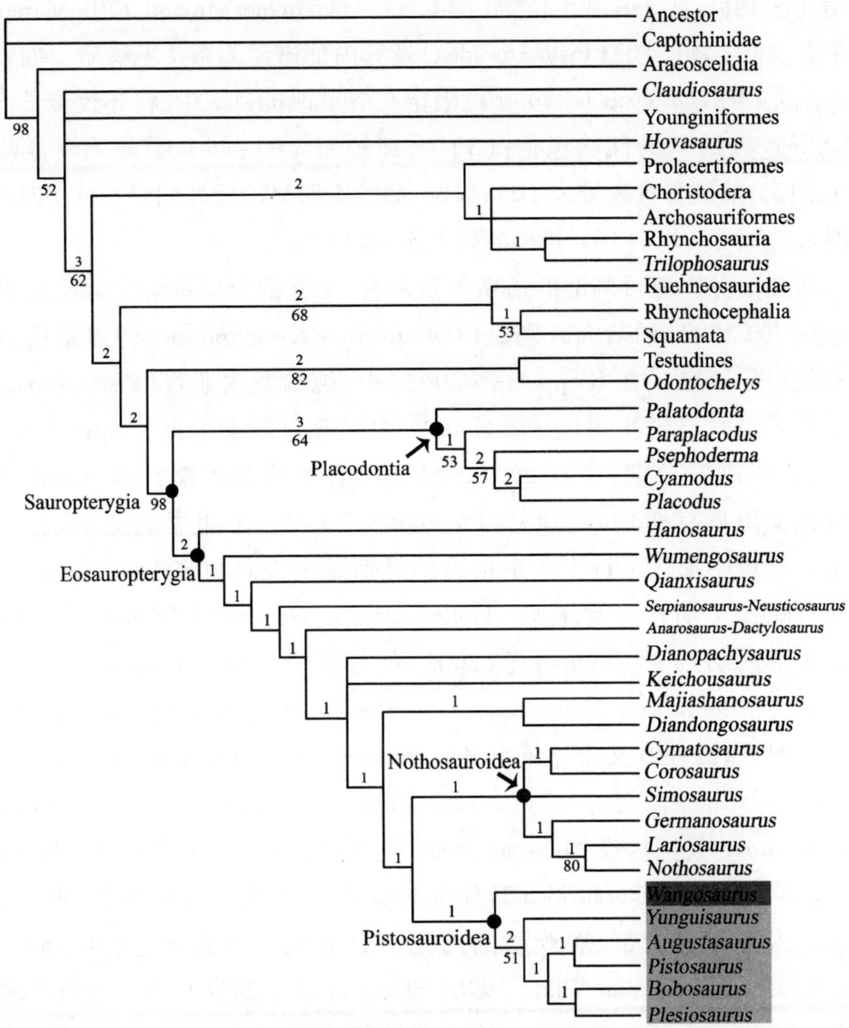

图 6.2　采用 PAUP4.0b10 得出的三叠纪鳍龙分支系统学分析结果 28 棵最简约树的严格合意树(Ma et al., 2015)

步长 =534,一致性指数 =0.3521,保持指数 =0.6811;

节点下方数字为 bootstrap 值,上方为 bremer support 值

6.2.4　运算结果与分析

从分支系统学分析的结果来看,短吻王龙(*Wangosaurus brevirostris*)属于

纯信龙次亚目,处于其基干位置(图 6.3)。从 Bremer support 和 Bootstrap 结果来看,纯信龙次亚目(Pistosauroidea)及其内部谱系关系并不稳定。如果将短吻王龙(*Wangosaurus brevirostris*)限定在 Nothosauridae 中,将导致步长增加 6 步,导致该结果的性状包括:(3) 吻部较短 (0);(4) 吻部无明显收缩 (0);(12) 前额骨背视较大 (0);(16) 额骨无明显的后外侧突 (0);(21) 颧骨进入上颞弓 (1);(76) 颈椎数目大于 30 (1)。

从纯信龙次亚目内部的谱系关系来看,本文的分支系统学分析结果与 Rieppel 等(2002)的最大区别是(*Corosaurus* + *Cymatosauru*)的谱系位置发生变化(图 6.3)。在 Rieppel 等(2002)中,纯信龙次亚目(Pistosauroidea)仅包括了当时已经报道的 *Pistosaurus*(中三叠世晚安尼期)、*Augustasaurus*(中三叠世晚安尼期)、*Cymatosaurus*(中三叠世晚安尼期)、*Corosaurus*(早三叠世奥伦尼克期)和蛇颈龙(*Plesiosaurus*)(早侏罗世早利亚斯期)。而本文的分析中加入了近十年来报道的纯信龙次亚目材料 *Yunguisaurus*(中三叠世晚拉丁期)、短吻王龙(*Wangosaurus brevirostris*)和 *Bobosaurus*(晚三叠世早卡尼期)。在 Rieppel 等(2002)的分析中,(*Corosaurus* + *Cymatosaurus*)与((*Pistosaurus* + *Augustasaurus*) + *Plesiosaurus*)共同构成纯信龙次亚目这一单系;而在本文的分析中,(*Corosaurus* + *Cymatosauru*)属于幻龙次亚目(Nothosauridea),与幻龙科((*Nothosaurus* + *Lariosurus*) + *Germanosaurus*)和 *Simosaurus* 共同构成 Nothosauridea。这个结果的主要依据是 *Corosaurus*、*Cymatosaurus* 与 Nothosauridea 其他属种具有更多的共近裔性状,如:夹板骨未进入下颌愈合部、腹膜肋的内侧部分有两个外侧突起(Rieppel and Lin, 1995; Rieppel and Wild, 1996; Shang et al., 2011)、跗骨数目不多于 3 枚。*Corosaurus*、*Cymatosaurus* 的头部骨骼特征与 *Germaosaurus* 具有更相近的额骨形态,如左右两侧额骨未愈合、额骨与上颞孔接触且接触面积较小。此外,*Corosaurus* 出自早三叠世奥伦尼克期,*Cymatosaurus* 出自中三叠世早安尼期,出现时代早于纯信龙次亚目的分子,其在幻龙次亚目中的分类位置与地层分布相一致。

本文的分析结果显示,*Yunguisaurus* 相对于 *Pistosaurus*、*Bobosaurus*、*Augustasaurus* 来说较原始,这一点与 Sato 等(2010, 2013)的分支系统学分析结果一致。在本文中,它与((*Augustasaurus* + *Pistosaurus*) + (*Bobosaurus* + *Plesiosaurus*))构成姐妹群关系;Sato 等(2010)认为 *Yunguisaurus* 与纯信龙科

(Pistosauridae)((((*Plesiosaurus* + *Thalassiodracon*) + *Augustasaurus*) + *Bobosaurus*) + *Pistosaurus*)构成姐妹群关系。支持 *Yunguisaurus* 与 Pistosauridae 构成姐妹群关系的共近裔性状包括:顶孔位置迁移,鳞骨形成"盒状悬器",夹板骨进入下颌愈合部,翼间窝存在(Carroll, 1988),肱骨外髁槽缺失,耻坐孔开放,股骨内转子退化,尺骨远端扩展等。无论在本文还是 Sato 等(2010)的分析中,*Yunguisaurus* 与 Pistosauridae 构成的单系都是相对稳定的。

本文分析结果与 Sato 等(2010, 2013)的分支系统学分析结果的主要区别在于三点(图 6.3):一是 *Augustasaurus* 与 *Bobosaurus* 二者哪个与蛇颈龙类的关系更近;二是 *Augustasaurus* 与 *Pistosaurus* 的姐妹群关系、*Cymatosaurus* 与 *Corosaurus* 的姐妹群关系是否存在;三是 *Corosaurus*、*Cymatosaurus* 是否属于纯信龙次亚目。

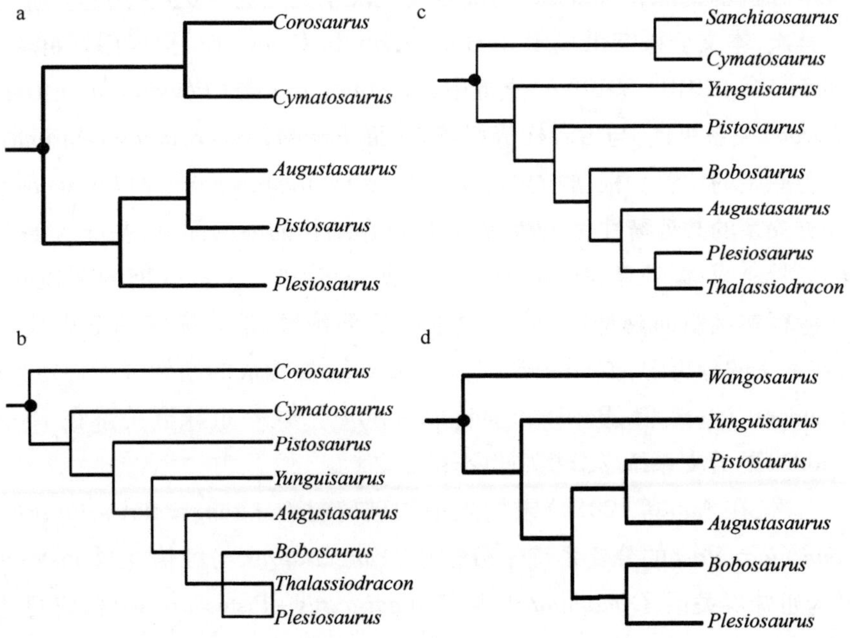

图 6.3　纯信龙次亚目内部谱系演化关系对比:

a,底图根据 Rieppel, 2000 修改;b,底图根据 Sato 等, 2013 修改;c,底图根据 Fabbri 等, 2013 修改;d,本文严格合意树的纯信龙次亚目部分

首先,Sato 等(2010, 2013)认为 *Augustasaurus* 与蛇颈龙类的关系更近,

但支持(*Augustasaurus* +(*Plesiosaurus* + *Thalassiodracon*))的共近裔性状只有一个:椎弓突或椎弓凹缺失。根据本文研究结果,*Bobosaurus* 与蛇颈龙类具有更近的亲缘关系,*Bobosaurus* 与蛇颈龙类 *Plesiosaurus* 构成姐妹群,二者更多的共近裔性状,除椎弓突/凹的缺失之外,还包括肱骨外髁槽的缺失。此外,从形态学角度的证据来看,与 *Augustasaurus* 相比,*Bobosaurus* 的头后骨骼及仅存的头部骨骼碎片都具有更多与蛇颈龙类接近的进化特征,如:细长而直的牙齿表面具有紧密排列的细纹,枢椎的神经棘向后倾斜、并向后延伸至椎体后缘之后,肱骨相对短粗且三角肌嵴缺失(Dalla Vecchia, 2006)。除此之外,*Bobosaurus* 出自上三叠统卡尼阶地层,是目前三叠纪纯信龙次亚目最年轻的分子,*Augustasaurus* 出自中三叠统上安尼阶地层,因此,*Bobosaurus* 与蛇颈龙类构成姐妹群的分类位置与地层分布一致。Fabbri 等(2013)的分支系统学分析也支持 *Bobosaurus* 与蛇颈龙类关系更近这一观点(图 6.3)。

其次,本文分析结果显示 *Augustasaurus* 和 *Pistosaurus* 构成姐妹群关系;而在 Sato 等(2010, 2013)的分析中,*Augustasaurus* 与(*Plesiosaurus* + *Thalassiodracon*)关系更近,与后者构成姐妹群,而 *Pistosaurus* 较 *Augustasaurus* 而言处于更原始的位置。根据本文研究结果,支持 *Augustasaurus* 和 *Pistosaurus* 为姐妹群关系的共近裔性状包括:前额骨存在细长的前内侧突,并进入上颌骨与前颌骨之间;额骨存在明显的后外侧突;额骨进入上颞孔前内侧边缘;翼骨凸缘存在且横向延伸;自前部颈椎向后部颈椎,椎体横突逐渐后移。另外,在本文的分析中,*Corosaurus* 与 *Cymatosaurus* 构成的姐妹群不稳定(Bremer support index +1;Bootstrap support <50%),这一姐妹群关系在 Rieppel 等(2002)的分支系统学分析中也不稳定。

再次,在 Sato 等(2010)未加入中国破碎材料 *Kwangsisaurus*、*Chinchenia* 和 *Sanchiaosaurus* 的分支系统学分析中,*Yunguisaurus* 与纯信龙科 Pistosauridae 为姐妹群关系,*Cymatosaurus* 与(*Yunguisaurus* + Pistosauridae)构成姐妹群关系,*Corosaurus* 与(*Cymatosaurus* +(*Yunguisaurus* + Pistosauridae))构成姐妹群关系。*Corosaurus* 和 *Cymatosaurus* 仍属于纯信龙次亚目(Pistosauroidea)。而在 Sato 等(2013)加入 *Kwangsisaurus*、*Chinchenia* 和 *Sanchiaosaurus* 的分支系统学分析中,*Yunguisaurus* 与纯信龙科 Pistosauridae 仍构成单系,*Cymatosaurus* 和 *Sanchiaosaurus* 构成的姐妹群处于该单系的外类群位置,二者共同构成纯信龙次亚目(Pistosauroidea)。而 *Corosaurus* 不再属于纯信龙次亚目,

它与 *Kwangsisaurus*、*Chinchenia* 构成单系,但三者之间的关系不明,该单系在真鳍龙亚目中的具体位置不明。在本文的分析中,*Corosaurus* 和 *Cymatosaurus* 不再属于纯信龙次亚目,而是属于与其关系较近的幻龙次亚目。造成 *Corosaurus*、*Cymatosaurus* 分类位置变化的主要原因是二者具有一些与蛇颈龙类相似的特征(如:上颌齿列向后延伸至上颞孔前缘或眼眶后缘处,上枕骨与耳骨构成后外侧向延伸的副枕突等),但同时具有更多的与幻龙类相似的特征,比如 *Corosaurus* 顶骨平台不收缩、鼻骨不退化、肱骨存在内髁孔和外髁槽、椎弓凹被竖直方向的嵴隔开等,且二者性状的提取主要是基于头部骨骼,性状编码中存在较多问号。

从 *Kwangsisaurus*、*Chinchenia* 中可提取的性状来看,二者与 *Corosaurus* 具有较近的亲缘关系,Rieppel (1999b)和 Sato 等(2013)的分支系统学分析也支持这一观点。*Corosaurus* 与 *Chinchenia* 的相似之处包括:下颌愈合部较短(图 6.4)、双凹型椎体、椎弓凹被嵴隔开、背椎腹面内外缘收缩、背椎横突远端扩展、背肋后表面有凹槽。后三个特征在 *Kwangsisaurus* 中也存在(图 6.5)。此外,*Kwangsisaurus* 乌喙骨较大,内缘外凸,而在 *Corosaurus* 中,乌喙骨内缘也不收缩。但由于其标本过于破碎(*Chinchenia* 可提取的性状仅占 141 个性状的 19.2%,*Kwangsisaurus* 仅占 15.6%),加入到分支系统学分析的内类群中会造成结果更加不稳定。

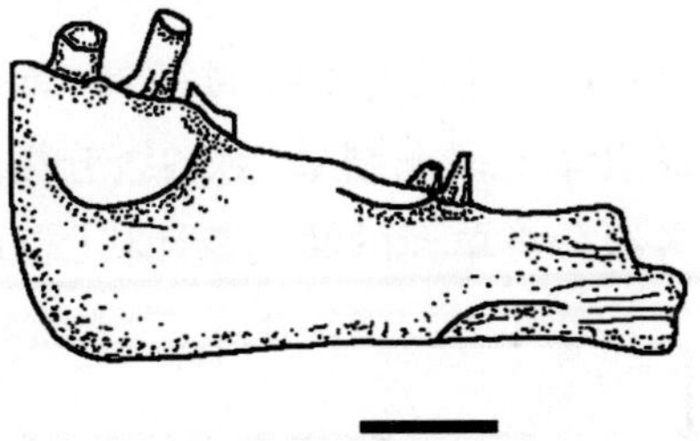

图 6.4　宋氏清镇龙(*Chinchenia sungi*)
(IVPP 3227)下颌骨素描图(外视),比例尺为 2 cm

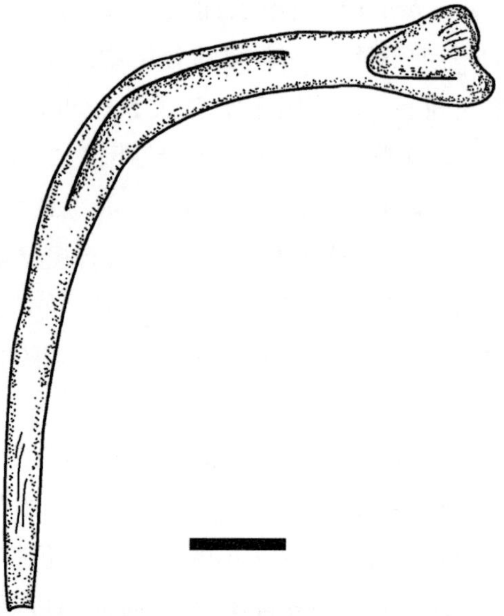

图 6.5　东方广西龙(*Kwangsisaurus orientalis*)
(IVPP 2338)背肋(后视),比例尺为 1 cm

6.3　纯信龙次亚目系统学初步研究

在遵从 Rieppel (2000) 对纯信龙次亚目(Pistosauroidea)内部各级分类单元定义的基础之上,结合本文研究结果,对各级分类单元重新进行了定义(图 6.6),并列出支持各级分类单元的共近裔性状(表 6.1)。

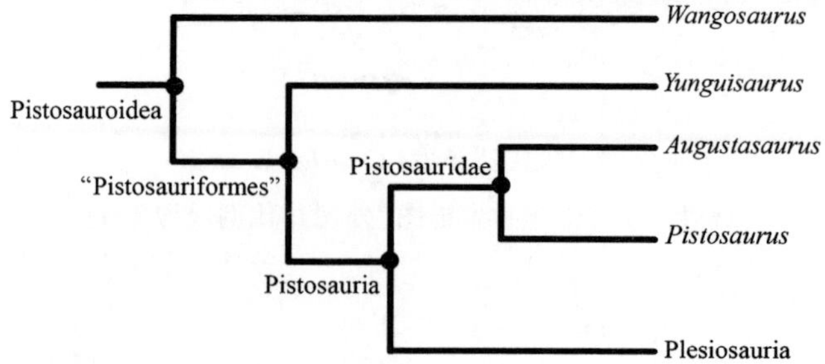

图 6.6　三叠纪纯信龙次亚目内部谱系演化关系

表 6.1　纯信龙次亚目内部各级分类单元及支持各分类单元的共近裔性状

分类单元	共近裔性状(性状序号,“状态”)
纯信龙次亚目 (Pistosauroidea)	额骨无明显的后外侧突(16,“0”) 颧骨进入上颞弓(21,“1”) 顶骨强烈收缩形成矢状嵴(23,“3”) 上颞孔前内侧拐角全部被后眶骨及其临近骨块(后额骨、顶骨)覆盖(30,“2”) 后翼窝存在(50,“1”)(在 *Wangosaurus* 中为“?”) 颈椎数目大于 30 枚(76,“1”) 尺骨远端扩展(118,“1”) 跗骨数目大于或等于 4 枚(130,“0”)
纯信龙次亚目未定级别分类单元 “Pistosauriformes”	眶前区域和眶后区域等长(2,“0”) 外鼻孔长轴明显短于眼眶长轴的 1/2(7,“2”) 顶孔前移(24,“3”) 鳞骨形成“盒状悬器”(33,“1”) 脑壳位于顶骨平台之下(41,“1”) 枕嵴存在,且两侧鳞骨相接(42,“2”) 副枕突向后延伸(43,“1”) 上枕骨呈“U”型保存(45,“2”) 上颌齿列向后延伸至眼眶后缘或上颞孔前缘(68,“1”) 背椎横突远端关节面近圆形(80,“1”) 背椎横突远端明显增厚(82,“1”) 肱骨外髁槽缺失(115,“3”) 肱骨内髁孔缺失(116,“1”)
纯信龙超科 (Pistosauria)	鼻骨缺失(9,“2”) 额骨未愈合(15,“0”) 基枕突与翼骨关节,并纵向延伸(47,“1”) 下颌无明显喙突(57,“0”) 下中心孔存在(73,“1”)
纯信龙科 (Pistosauridae)	前额骨存在细长的前内侧突,进入到上颌骨与前颌骨之间(13,“1”) 额骨存在明显的后外侧突(16,“1”) 额骨进入上颞孔前内侧边缘(17,“2”) 翼骨凸缘发育且横向延伸(52,“0”) 椎体横突的位置从前向后逐渐后移(78,“1”) 腕骨数目为 3 枚(119,“1”)

各级分类单元具体定义如下。

纯信龙次亚目 Infraorder Pistosauroidea Baur,1887 – 90

定义:该分类单元包括王龙属(*Wangosaurus*)、云贵龙属(*Yunguisaurus*)、纯信龙超科(Pistosauria)和蛇颈龙类(Plesiosauria)。

鉴定特征:顶骨平台强烈收缩形成矢状嵴;额骨无明显的后外侧突;颧骨进入上颞弓;上颞孔前内侧拐角全部被后眶骨及其临近骨块(后额骨、顶骨)覆盖;颈椎数目大于30枚;尺骨远端扩展;跗骨数目大于或等于4枚。

产地与层位:三叠纪的纯信龙次亚目属种在西特提斯区(德国、意大利)、东太平洋区(美国)和东特提斯区(中国)均有分布,出自中三叠统上安尼阶至上三叠统下卡尼阶地层;早侏罗世至晚白垩世的蛇颈龙类为全球分布。

注释:本文的纯信龙次亚目鉴定特征是基于三叠纪纯信龙次亚目的属种以及早期蛇颈龙类最原始的属种,不包括侏罗纪和白垩纪更为进化的蛇颈龙类。

王龙属(*Wangosaurus* Ma et al. ,2015)

模式种:短吻王龙(*Wangosaurus brevirostris* Ma et al. , 2015)。

鉴定特征:顶孔后移至顶骨平台强烈收缩所形成的矢状嵴后端;上颞孔长度与眼眶长度的比率为3.1;上枕骨水平保存且低于顶骨;外枕骨与耳骨呈板状,不存在后外侧延伸的副枕突;颈椎数目33枚;腕骨5枚;跗骨4枚;后肢趾式为3(?) –3 –4 –5 –5。

地点与层位:产地为贵州兴义,出自中三叠统拉丁阶法郎组竹杆坡段地层。

短吻王龙(*Wangosaurus brevirostris* Ma et al. ,2015)

正型标本:GMPKU – P – 1529;标本完整,背视保存(图5.1 ~ 图5.5)。

层位:中三叠统拉丁阶法郎组竹杆坡段地层。

产地:中国贵州兴义。

鉴定特征:该属的唯一种,鉴定特征同属级鉴定特征。

纯信龙次亚目未定级别分类单元"Pistosauriformes"

定义:该分类单元包括云贵龙属(*Yunguisaurus*)、纯信龙超科(Pistosauria)和蛇颈龙类(Plesiosauria)。

鉴定特征:眶前区域和眶后区域等长;外鼻孔长轴明显短于眼眶长轴的1/2;顶孔前移;鳞骨形成"盒状悬器";脑壳位于顶骨平台之下;枕嵴存在,且两侧鳞骨相接;副枕突后外侧向延伸;上枕骨呈"U"型保存;上颌齿列向后延伸至眼眶后缘或上颞孔前缘;背椎横突远端关节面近圆形;背椎横突远端明显增厚;肱骨外髁槽、内髁孔缺失。

产地与层位:三叠纪的纯信龙次亚目未定级别分类单元的属种在西特提斯区(德国、意大利)、东太平洋区(美国)和东特提斯区(中国)均有分布,出自中三叠统上安尼阶至上三叠统下卡尼阶地层;早侏罗世至晚白垩世的蛇颈龙类为全球分布。

注释:本文的纯信龙次亚目未定级别分类单元的鉴定特征是基于三叠纪纯信龙超科的属种以及早期蛇颈龙类最原始的属种,不包括侏罗纪和白垩纪更为进化的蛇颈龙类。

云贵龙属(*Yunguisaurus* Cheng et al. ,2006)

2006 云贵龙属(*Yunguisaurus*, Cheng et al.), 第501页。

模式种:李氏云贵龙(*Yunguisaurus liae* Cheng et al., 2006)。

区别于纯信龙次亚目其他属的鉴定特征:上颌齿至少6枚;翼间窝向前延伸;副蝶骨向前延伸;吻部细长;顶孔前移至额骨与顶骨的缝合线处;鼻骨存在;矢状嵴狭窄;下颌愈合部较长;喙突明显;颈椎数目为49~51节;肱骨细长;尺骨呈哑铃状;耻骨呈半圆形;髂骨骨干长;腕骨11枚(成年个体)、跗骨8枚(成年个体)。

地点与层位:产地为中国贵州兴义和云南富源,出自中三叠统拉丁阶法郎组竹杆坡段地层。

李氏云贵龙(*Yunguisaurus liae* Cheng et al., 2006)

2006 李氏云贵龙(*Yunguisaurus liae*, Cheng et al.), 第501页,图1-2。

正型标本:NMNS 004529/F003862;标本完整,背视保存,缺少部分尾椎和远端指(趾)节。

鉴定特征:上颌齿七枚;翼间窝向前延伸;副蝶骨向前延伸;吻部细长;顶孔前移至额骨与顶骨的缝合线处;鼻骨存在;矢状嵴狭窄;下颌愈合部较长;喙突明显;肱骨细长;尺骨呈哑铃状。

地点与层位:产地为中国贵州兴义,出自中三叠统拉丁阶法郎组竹杆坡段地层。

补充材料:ZMNH M8738;标本完整,腹视保存;产地为中国云南富源,出自中三叠统拉丁阶法郎组竹杆坡段地层。

注释:李氏云贵龙正型标本为幼年个体,额骨未愈合,鳞骨、枕部保存不完整,腕骨、跗骨、后肢趾骨保存不完整、无法建立后肢趾式。Zhao 等(2008)描述补充材料(ZMNH M8738)的头部骨骼,认为其符合云贵龙属(*Yunguisaurus*)的鉴定特征,包括鼻骨存在、顶孔前移至额骨/顶骨缝合线处、翼间窝向前延伸、尺骨呈哑铃状等;同时列出其不同于李氏云贵龙正型标本的特征,包括额骨愈合、前颌骨/上颌骨缝合线处存在凹槽、鼻孔较小、吻部较短、舌骨细长等,将其归为李氏云贵龙相似种(*Yunguisaurus* cf. *Y. liae* Cheng et al., 2006)。Sato 等(2013)对补充材料(ZMNH M8738)的完整个体进行深入研究,补充了正型标本中未完整保存的骨骼信息,如两侧鳞骨相接、腕骨 11 枚、跗骨 8 枚、后肢趾式为 3-6-10-9-6 等,认为导致补充材料与正型标本不同之处的原因是个体发育的差异,将其归为李氏云贵龙(*Yunguisaurus liae* Cheng et al., 2006)。

纯信龙超科(Superfamily Pistosauria Baur,1887—1890)

定义:该分类单元包括纯信龙科(Pistosauridae)和蛇颈龙类(Plesiosauria)。

鉴定特征:鼻骨缺失;额骨未愈合;基枕突与翼骨关节,并纵向延伸;下颌无明显喙突;下中心孔存在。

产地与层位:三叠纪的纯信龙超科属种在西特提斯区(德国、意大利)、东太平洋区(美国)均有分布,出自中三叠统上安尼阶至上三叠统下卡尼阶地层;早侏罗世至晚白垩世的蛇颈龙类为全球分布。

注释：本文的纯信龙超科鉴定特征是基于三叠纪纯信龙超科的属种，以及早期蛇颈龙类最原始的属种，不包括侏罗纪和白垩纪更为进化的蛇颈龙类。

纯信龙科（Family Pistosauridae）

定义：该分类单元包括奥古斯塔属（*Augustasaurus*）和纯信龙属（*Pistosaurus*）。

鉴定特征：前额骨存在细长的前内侧突，进入到上颌骨与前颌骨之间；额骨存在明显的后外侧突；额骨进入上颞孔前内侧边缘；翼骨凸缘发育且横向延伸；椎体横突的位置从前向后逐渐后移。

产地与层位：三叠纪的纯信龙科属种在西特提斯区（德国）、东太平洋区（美国）均有分布，出自中三叠统上安尼阶地层。

奥古斯塔龙属（*Augustasaurus* Sander et al.，1997）

1997 *Augustasaurus*，Sander et al.，第 527 页。

模式种：*Augustasaurus hagdorni* Sander et al.，1997。

鉴定特征：额骨未愈合；额骨进入上颞孔前内侧边缘，但未形成向下的凸缘；后翼窝存在；上翼骨背侧加宽；上颌齿列向后延伸至眼眶后缘之后；前部颈肋的前突明显；后部颈肋的前突为双叉型；下中心孔存在；后部颈椎和背椎神经棘的背缘存在锯齿状褶皱；桡骨明显弯曲。

地点与层位：产地为美国内华达州 Augusata 山区，出自中三叠统上安尼阶地层。

海格顿奥古斯塔龙（*Augustasaurus hagdorni* Sander et al.，1997）

1997 *Augustasaurus hagdorni*，Sander et al.，第 527 页，图 2－4。

正型标本：FMNH PR 1774；保存头骨、颈椎、肩带和前肢的部分骨骼。

鉴定特征：该属的唯一种，鉴定特征同属级鉴定特征。

地点与层位：产地为美国内华达州 Augusata 山区，出自中三叠统上安尼阶 Favret 组 Fossil Hill 段地层。

注释: *Augustasaurus hagdorni*, Sander et al., 1997 最初的报道是基于部分头后骨骼,随后标本头部进行背腹面修理, Rieppel 等(2002)对整体标本进行了深入研究。

纯信龙属(*Pistosaurus* Meyer, 1839)

1839 *Pistosaurus*, Meyer, 第 699 页。

模式种: *Pistosaurus longaevus* Meyer, 1839。

鉴定特征: 额骨和顶骨仅在后端愈合;额骨进入上颞孔前内侧边缘,部分向下延伸将眼眶和上颞孔隔开;后眶骨向后延伸进入上颞弓;上翼骨背侧变窄;上颌齿列向后延伸未超出眼眶后缘。

地点与层位: 产地为德国南部,出自中三叠统上安尼阶地层。

朗格纯信龙 *Pistosaurus longaevus* Meyer, 1839

1839 *Pistosaurus longaevus*, Meyer, 第 699 页。

1847—55 *Pistosaurus grandaevus*, Meyer, 第 23 页,图 1 - 7。

1895 *Nothosaurus strunzi*, Geissler, 第 331 页。

1955 *Pistosaurus typus*, Saint - Seine, 第 424 页。

正型标本: 德国拜罗伊特 Urwelt 博物馆,未编号,头部骨骼。

鉴定特征: 该属的唯一种,鉴定特征同属级鉴定特征。

地点与层位: 产地为德国巴伐利亚州拜罗伊特东部,出自中三叠统上安尼阶地层。

注释: *Pistosaurus* 早期的报道是基于两件头部标本,分别为 *Pistosaurus longaevus* (Meyer, 1839)和 *Pistosaurus grandaevus* (Meyer, 1847—1855),但后者标本已丢失。Sues (1987)将 *Pistosaurus grandaevus* 厘定为 *Pistosaurus longaevus* 的客观后出异名,将 *Nothosaurus strunzi* 厘定为 *Pistosaurus longaevus* 的主观后出异名。

蛇颈龙类(Plesiosauria)

本文采用 Fabbri 等(2013)对蛇颈龙类(Plesiosauria)的定义,此类群包括晚三叠世卡尼期的 *Bobosaurus* 和侏罗纪、白垩纪的蛇颈龙类。

第7章　结　论

本文对产自贵州兴义中三叠统拉丁阶法郎组竹杆坡段的纯信龙次亚目新材料短吻王龙(*Wangosaurus brevirostris* Ma et al. , 2015)进行了系统描述,对照研究国内外纯信龙次亚目其他属种化石材料,对三叠纪纯信龙次亚目的形态学和分类学进行了详细的讨论,并结合分支系统学分析,进一步明确了短吻王龙(*Wangosaurus brevirostris* Ma et al. , 2015)属于纯信龙次亚目,同时重新定义了纯信龙次亚目内部各级分类单元。此外,对研究材料产地贵州兴义动物群的地层分布、生物组成面貌和古地理亲缘性进行了讨论。

本文取得的创新性成果如下。

(1)系统描述了产自贵州兴义中三叠统拉丁阶法郎组竹杆坡段地层的化石材料短吻王龙(*Wangosaurus brevirostris* Ma et al. , 2015),明确其区别于纯信龙次亚目其他属种的鉴定特征:顶孔后移至顶骨平台强烈收缩所形成的矢状嵴后端;上颞孔长度与眼眶长度的比率为3.1;上枕骨水平保存且低于顶骨;外枕骨与耳骨呈板状,不存在后外侧向延伸的副枕突;颈椎数目33节;腕骨5枚;跗骨4枚;后肢趾式为3(?)-3-4-5-5。同时,对前人报道的产自贵州兴义中三叠统杨柳井组地层的绿荫顶效龙(*Dingxiaosaurus luyinensis*)进行了再研究,确认其为疑难名称,但应为纯信龙类的后肢标本,与云贵龙(*Yunguisaurus*)成年个体的后肢极为相似。

(2)通过分支系统分析,明确了短吻王龙(*Wangosaurus brevirostris* Ma et al. , 2015)属于纯信龙次亚目(Pistosauroidea),其内部谱系关系简化的表达式为(Wangosaurus, (*Yunguisaurus*((*Pistosaurus*, *Augustasaurus*), (*Bobosaurus*, *Plesiosaurus*))))。与前人研究结果的一个重要区别是:*Corosaurus* 和 *Cymatosaurus* 仍构成姐妹群,但属于幻龙次亚目(Nothosauroidea)。

(3)对纯信龙次亚目进行系统学研究,重新定义其各级分类单元,包括纯信龙次亚目(Pistosauroidea)、纯信龙次亚目未定级别分类单元("Pistosauriformes")、纯信龙超科(Pistosauria)和纯信龙科(Pistosauridae)。

(4)此外,研究材料出自中三叠世拉丁期兴义动物群,本文对研究材料产地的地层层位进行了自然层精度的描述,并根据海生爬行动物化石产出情况,将兴义动物群化石层分为上、中、下三段。下段包括 26 ~ 35 层,厚 1.41 m,主要以产出大量贵州龙为特点;中段包括 36 ~ 44 层,厚 2.11 m,鳍龙类和鱼龙类均有出现;上段包括 45 ~ 53 层,厚 1.88 m,以产出保存完整的鱼龙和海龙为特点,伴生大量海百合类化石。

参考文献

陈宗富. 1985. 黔西南中三叠世胡氏贵州龙的地层层位及其意义. 贵州地质, 2(3): 289－290.

程龙. 2003. 贵州关岭三叠纪海龙类化石一新种. 地质通报, 22 (4): 274－277.

董卫平. 1997. 贵州省岩石地层. 武汉: 中国地质大学出版社, 242－243.

郭文. 2010. 贵州兴义乌沙中三叠统法郎组竹杆坡段化石层碳酸盐岩微相及古环境初步分析. 本科学位论文.

古生物学名词审定委员会. 2009. 古生物学名词. 北京:科学出版社, 72－109.

蒋志文. 2002. 云南富源贵州龙动物群的发现及意义. 云南地质, 21(2):183－191.

江大勇,郝维城,孙元林,等. 2011. 中国南方重要三叠纪海生爬行动物群序列及其对二叠纪末生物大绝灭后三叠纪海洋生态系统复苏的实证意义. 中国古生物学会第26届学术年会摘要集,156－158.

李淳. 2000. 贵州关岭上三叠统的楯齿龙类化石. 古脊椎动物学报,38 (4):314－317.

李淳,赵丽君,王立亭. 2007. 云南中三叠统 *Macrocnemus*(爬行纲:原龙目)已新种及其古地理意义. 中国科学 D 辑,37 (10):1281－1286.

李锦玲,奥利维尔·瑞博尔. 2004. 贵州兴义中三叠世 *Nothosaurus* 一新种. 古脊椎动物学报,42 (1):1－12.

李锦玲,金帆. 2009. 畅游在两亿年前的海洋. 北京:科学出版社,31－97.

李锦玲,刘俊,奥利维尔·瑞博尔. 2002. 贵州兴义中三叠统法郎组竹杆坡段 *Lariosaurus* 一新种. 古脊椎动物学报,40 (2):114－126.

刘冠邦,尹恭正,王雪华,等. 2002. 记贵州顶效中三叠世一新的海生爬行动物. 高校地质学报,8 (2):220－226.

马乐天. 2011. 贵州兴义中三叠世绿荫顶效龙的再研究. 中国古生物学会第26届学术年会摘要集,144－145.

马乐天,季承,孙作玉,等. 2013. 贵州兴义三叠纪海生爬行动物群的地层分布及其生物多样性. 地层学杂志,37 (2):178－185.

汪啸风, 陈孝红, 陈立德, 等. 2003. 关岭动物群——世界上罕见的化石库. 中国地质, 30(1): 20－31.

王成源, 康沛泉, 王志浩. 1998. 以牙形刺确定胡氏贵州龙(*Kueichousaurus hui*)层的时代. 微体古生物学报, 15(2): 196 - 198.

王立亭. 1996. 胡氏贵州龙(*Kueichousaurus hui*)的产出层位及时代讨论. 贵州地质, 13(3): 209 - 212.

杨安峰,程红,姚锦仙. 2008. 脊椎动物比较解剖学. 北京:北京大学出版社, 84 - 135.

杨钟健.1958. 贵州新发现的肿肋龙化石. 古脊椎动物与古人类,2: 69 - 81.

杨钟健. 1965a. 中国湖北、贵州的幻龙. 古脊椎动物与古人类,9 (4): 315 - 335.

杨钟健. 1965b. 贵州仁怀 - 爬行动物的新鉴定和另一可能产自中国的鱼龙化石. 古脊椎动物与古人类, 9(4): 368 - 376.

杨钟健. 1959. 广西下三叠世的一新幻龙. 古脊椎动物与古人类,3: 71 - 78.

尹恭正, 周修高, 曹泽田, 等. 2000. 贵州关岭晚三叠世早期海生爬行动物的初步研究. 地质地球化学, 28(3):1 - 23.

张永辂. 1983. 古生物命名拉丁语. 北京:科学出版社, 74 - 141.

Albers P, Rieppel O. 2003. A new species of the sauropterygian genus *Nothosaurus* from the Lower Muschelkalk of Wintersijk, the Netherlands. Journal of Paleontology 77: 738 - 774.

Baur G. 1987 - 1890. Pistosauridae Baur, pp. 498 - 499. - In: Zittel, K. A. (ed.): Handbuch der Palaeontologie, Vol. 3. R. Oldenbourg, München.

Benson R B J, Evans M, Druckenmiller P S. 2012. High diversity, low disparity and small body size in Plesiosaurs (Reptilia, Sauropterygia) from the Triassic - Jurassic Boundary. Plos One 7:1 - 15.

Caldwell M W. 1997. Limb osteology and ossification patterns in Cryptoclidus (Reptilia: Sauropterygia) with a review of sauropterygian limbs. Journal of Vertebrate Paleontology 17: 295 - 307.

Case E C. 1936. A nothosaur from the Triassic of Wyoming. University of Michigan Contributions from the Museum of Paleontology 5:1 - 36.

Carroll R L. 1988. Vertebrate Paleontology and Evolution, 698p. W. H. Freeman and Company, New York.

Cheng Y N, Sato T, Wu X C, et al. 2006. First complete pistosauroid from the Triassic of China. Journal of Vertebrate Paleontology 26:501 - 504.

Cheng Y N, Wu X C, Sato T. 2007. A new thalattosaurian (Reptilia: Diapsida) from the Upper Triassic of Guizhou, China. Vert PalAsiat 45:246 - 260.

Cheng Y N, Wu X C, Sato T, et al. 2012. A new eosauropterygian (Diapsida, Sauropterygia) from the Triassic of China. Journal of Vertebrate Paleontology 32:1335 - 1349.

Cornalia E. 1854. Notizie zoologiche sul *Pachypleura edwardsii* Cor. Nuovo sauro acrodonte degli strati triasici di Lombardia. Giornale del J. R. Instituto Lombardo di Scienze, Lettre ed Arti, Nuova Serie 6:1 –46.

Curioni G. 1847. Cenni sopra un nuovo saurio fossile dei monti di Perledo sul Lario e sul terreno che lo racchiude. Giornale del J. R. Instituto Lombardo di Scienze, Lettre ed Arti 16: 159 –170.

Dalla Vecchia F M. 2006. A new sauropterygian reptile with plesiosaurian affinity from the Late Triassic of Italy. Rivista Italiana di Paleontologiae Stratigrafia 112:207 –225.

Fabbri M, Dalla Vecchia F M. Cau A. 2013. New information on *Bobosaurus forojuliensis* (Reptilia: Sauropterygia): implications for plesiosaurian evolution. Historical Biology, doi: 10.1080/08912963.2013.826657.

Fraas E. 1896. Die Schwäbischen Trias –Saurier. E. Schweizerbart, Stuttgart.

Fritsch K v. 1894. Beitrag zur Kenntnis der Saurier des Halle'schen unteren Muschelkalkes. Abhandlungen der Naturforschenden Gesellschaft zu Halle 20:273 –302.

Geissler G. 1895. Über neue Saurier –Funde aus dem Muschelkalk von Bayreuth. Zeitschrift der deutschen geologischen Gesellschaft 47:331 –355.

Holmes R, Cheng Y N, Wu X C. 2008. New information on the skull of *Keichousaurus hui* (Reptilia: Sauropterygia) with comments on sauropterygian interrelationships. Journal of Vertebrate Paleontology 28:76 –84.

Huene F v. 1944. Ein beaschtenserter Humerus aus dem untersten Muschelkalk und seine Bedeutung. Neues Jahrbuch für Mineralogie, Geologie und Paläontologie, Monatshefte, Abteilung B 1944:223 –227.

Ji C, Jiang D Y, Rieppel O, et al. 2014. A new specimen of *Nothosaurus youngi* from the Middle Triassic of Guizhou, China. Journal of Vertebrate Paleontology 34:465 –469.

Jiang D Y, Maisch M W, Hao W C, et al. 2005a. *Nothosaurus* sp. (Reptilia, Sauropterygia, Nothosauridae) from the Anisian (Middle Triassic) of Guizhou, southwestern China. Neues Jahrbuch für Geologie und Paläontologie, Monatshefte 2005:565 –576.

Jiang D Y, Motani R, Li C, et al. 2005b. Guanling biota: a marker of Triassic biotic recovery from the end –Permian extinction in the ancient Guizhou sea. Aeta Geologica Sinica 79(6): 729 –738.

Jiang D Y, Maisch M W, Sun Z Y, et al. 2006a. A new species of Lariosaurus (Reptilia, Sauropterygia) from the middle Anisian (Middle Triassic) of southwestern China. Neues Jahrbuch für Geologie und Paläontologie, Monatshefte 2006:19 –42.

Jiang D Y, Maisch M W, Hao W C, et al. 2006b. *Nothosaurus yangjuanensis* n. sp. (Reptilia, Sauropterygia, Nothosauridae) from the middle Anisian (Middle Triassic) of Guizhou, southwestern China. Neues Jahrbuch für Geologie und Paläontologie, Monatshefte 2006:

257 - 276.

Jiang D Y, Motani R, Hao W C, et al. 2008b. First record of Placodontoidea (Reptilia, Sauropterygia, Placodontia) from the eastern Tethys. Journal of Vertebrate Paleontology 28: 904 - 908.

Jiang D Y, Motani R, Li C, et al. 2005b. Guanling Biota: a marker of Triassic biotic recovery from the end - Permian extinction in the ancient Guizhou sea. Acta Geologica Sinica 79: 729 - 738.

Jiang D Y, Motani R, Tintori A, et al. 2014. Early Triassic eosauropterygian *Majianosaurus discocoracoidis*, gen. et sp. nov. (Reptilia, Sauropterygia) from Chaohu, Anhui Province, China. Journal of Vertebrate Paleontology.

Jiang D Y, Rieppel O, Motani R, et al. 2008b. A new Middle Triassic eosauropterygian (Reptilia, Sauropterygia) from southwestern China. Journal of Vertebrate Paleontology 28: 1055 - 1062.

Klein N, Albers P C H. 2009. A new species of the sauropsid reptile *Nothosaurus* from the Lower Muschelkalk of the western Germanic basin, Winterswijk, the Netherlands. Acta Palaeontol. Pol. 54: 589 - 598.

Li C. 1999. Ichthyosaur from Guizhou, China. Chinese Science Bulletin 44: 1329 - 1333

Li C, Rieppel O. 2002. A new cyamodontoid placodont from Triassic of Guizhou, China. Chinese Science Bulletin 47: 403 - 407.

Li C, Wu X C, Zhao L J. 2012. A new archosaur (Diapsida, Archosauriformes) from the marine Triassic of China. Journal of Vertebrate Paleontology 32:1064 - 1081.

Li J L. 2006. A brief summary of the Triassic marine reptiles of China. Vertebrata Palasiatica 44:99 - 108.

Lin K B, Rieppel O. 1998. Functional morphology and ontogeny of *Keichousaurus hui* (Reptilia, Sauropterygia). Fieldiana 39:1 - 35.

Liu J. 1999. Sauropterygian from Triassic of Guizhou, China. Chinese Science Bulletin 44: 1312 - 1316.

Liu J, Rieppel O, Jiang D Y, et al. 2011. A new pachypleurosaur (Reptilia: Sauropterygia) from the lower Middle Triassic of Southwestern China and the phylogenetic relationships of Chinese pachypleurosaurs. Journal of Vertebrate Paleontology 31:292 - 302.

Ma L T, Jiang D Y, Rieppel O, et al. 2015. A new pistsauroid (Reptilia: Sauropterygia) from the late Ladinian Xingyi marine reptile level, southwestern China. Journal of Vertebrate Paleontology 35.

Manco S, Mietto P, Nicora A, et al. 2004. Conodont fauna at the Ladinian/Carnian boundary interval in the Southern Alps. Albertiana, suppl. 30: 9.

Meyer H v. 1839. Mittheilung, an Professor Bronn gerichtet. Neus Jahrbuch für Mineralogie, Geognosie, Geologie, und Petrefakten – Kunde, 1839:559 – 560.

Meyer H v. 1847 – 55. Zur Fauna de Vorwelt. Die Saurier des Muschelkalkes mit Rücksicht aufdie Saurier aus buntem Sandstein und Keuper. Heinrich Keller, Frankfurt a. M.

Mietto P, Buratti N, Cirilli S, et al. 2007. New constraints for the Ladinian – Carnian boundary in the Southern Alps: suggestions for global correlation. New Mex. Mus. Nat. Hist. and Sci. Bull 41:275 – 281.

Mietto P, Manfrin S, Preto N, et al. 2012. The Global Boundary Stratotype Section and Point (GSSP) of the Carnian Stage (Late Triassic) at Prati di Stuores/Stuores Wiesen Section (Southern Alps, NE Italy). Episodes 35:414 – 430.

Neenan J M, N Klein, T M Scheyer. 2013. European origin of placodont marine rebtiles and the evolution of crushing dentition in Placodontia. Nature Communication 4: 1621.

Nicholls E L, Chen W, Manabe M. 2002. New material of *Qianichthyosaurus* Li, 1999 (Reptilia, Ichthyosauria) from the Late Triassic of Southern China, and implications for the distribution of Triassic Ichthyosaurs. Journal of Vertebrate Paleontology 22(4):759 – 765.

O'Keefe F R. 2001. A cladistic analysis and taxonomic revision of Plesiosauria (Reptili – a: Sauropterygia). Acta Zool Fennica 213:1 – 63.

Osborn H F. 1903. The reptilian subclasses Diapsida and Synapsida and the early history of the Diaptosauria. Memoirs of the American Museum of Natural History 1: 449 – 507.

Owen R. 1860. Palaeontology; or, a systematic summary of extinct animals and their geologic remains. Adam and Charles Black, Edinburgh.

Rieppel O. 1993. Studies on skeleton formation in reptiles. Ⅳ. The homology of the reptilian (amniote) astragalus revisited. Journal of Vertebrate Paleontology 13:31 – 47.

Rieppel O. 1994a. Osteology of *Simosaurus gaillardoti*, and the phylogenetic interrelationships of stem – group Sauropterygia. Fieldiana 28:1 – 85.

Rieppel O. 1994b. The status of the sauropterygian reptile Nothosaurus juvenilis from the Middle Triassic of Germany. Palaeontology 37:733 – 745.

Rieppel O. 1997a. Revision of the sauropterygian reptile genus *Cymatosaurus* v. Fritsch, 1894, and the relationships of *Germanosaurus* Nopcsa, from the Middle Triassic of Europe. Fieldiana 36:1 – 38.

Rieppel O. 1997b. An unusual sauropterygian from the Triassic of the Savinja Alps of northern Slovenia. Neues Jahrbuch für Geologie und Palaontologie, Monatshefte 4: 244 – 254.

Rieppel O. 1998. *Corosaurus alcovensis* Case and the phylogenetic interrelationships of Triassic stem - group Sauropterygia. Zoological Journal of the Linnean Society 124:1 -41.

Rieppel O. 1999a. Phylogeny and paleobiogeography of Triassic Sauropterygia: problems solved and unresolved. Palaeoclimatology, Palaeogeography, Palaeoecology 153:1 - 15.

Rieppel O. 1999b. The sauropterygian genera *Chinchenia*, *Kwangsisaurus* and *Sanchiaosaurus* from the Lower and Middle Triassic of China. Journal of Vertebrate Paleontology 19: 321 -337.

Rieppel O. 1999c. Variation of cranial characters in *Cymatosaurus* "*gracilis*" Schrammen, 1899 (Reptilia, Sauropterygia), and its implication for systematics. Palanotologische Zeitschrift 73:369 -375.

Rieppel O. 2000. Sauropterygia Ⅰ: Placodontia, Pachypleurosauria, Nothosauroidea, Pistosauroidea. In, Wellnhofer, P. ed., Encyclopedia of Paleoherpetology Part 12, p. 1 - 134. Verlag Dr. Friedrich Pfeil, München.

Rieppel O, Lin K B. 1995. Pachypleurosaurs (Reptilia: Sauropterygia) from the Lower Muschelkalk, and a review of the Pachypleurosauroidea. Fieldiana 32:1 -44.

Rieppel O, Hagdorn H. 1997. Paleobiogeography of Middle Triassic Sauropterygia in Central and Western Europe, pp. 121 - 144. In: J. M. Callaway and E. L. Nicholls (eds.): Ancient Marine Reptiles. Academic Press, San Diego.

Rieppel O, Hagdorn H. 1998. Fossil Reptiles from the Spanish Muschelkalk (Montral and Alcover, Province Tarragona). Historical Biology 13:77 -79.

Rieppel O, Werneburg R. 1998. A new species of the sauropterygian *Cymatosaurus* from the lower Muschelkalk of Thuringia, Germany. Palaeontology, 41:575 -589.

Rieppel O, Wild R. 1994. *Nothosaurus e*dingerae Cchultze, 1970: diagnosis of the species and comments on its stratigraphical occurrence. Stuttgarter Beiträge für Naturkunde B204: 1 -13.

Rieppel O, Wild R. 1996. A revision of the genus *Nothosaurus*(Reptilia, Sauropterygia) from the Germanic Triassic, with comments on the status of *Conchiosaurus clavatus*. Fieldiana 34: 1 -82.

Rieppel O, Jiang D Y, Fraser N C, et al. 2010. Tanystropheus cf. T. longobardicus from the early Late Triassic of Guizhou province, southwestern Chian. Journal of Vertebrate Paleontology 30:1082 -1089.

Rieppel, O., J. Liu, and H. Bucher. 2000. The first record of a thalattosaur reptile from the Late Triassic of Southern China (Guizhou province, PR China). Journal of Vertebrate Paleontology 20(3):507 -514.

Rieppel O, Liu J, Li C. 2006. A new species of the Thalattosaur genus *Anshunsaurus* (Reptilia: Thalattosauria) from the Middle Triassic of Guizhou province southwestern China. Vertebrata Palasiatica 44:285 – 296.

Rieppel O, Mazin J M, Tchernov E. 1999. Sauropterygia from the Middle Triassic of Makhtesh Ramon, Negev, Israel. Fieldiana 40:1 – 85.

Rieppel O, Sander P M, Storrs G W. 2002. The skull of the pistosaur *Augustasaurus* from the Middle Triassic of northwestern Nevada. Journal of Vertebrate Paleontology 22:577 – 592.

Saint – Seine P. 1955. Sauropterygia, pp. 420 – 458. – Piveteau, J. (ed.): Traité de Paléontologie, Vol. 5. – Masson, Paris.

Sander P M, Klein N, Albers P C H. 2014. Postcranial morphology of a basal Pistosauroidea (Sauropterygia) from the Lower Muschelkalk of Winterswijk, the Netherlands. Paläontol Z 88: 55 – 71.

Sander P M, Rieppel O, Bucher H. 1997. A new pistosaurid (Reptilia: Sauropterygia) from the Middle Triassic of Nevada and its implications for the origin of the plesiosaurs. Journal of Vertebrate Paleontology 17:526 – 533.

Sanz J L. 1983. Consideraciones sobre el género Pistosaurus. El suborden *Pistosauria* (Reptilia, Sauropterygia). Estudios geológicos 39: 451 – 458.

Sato T. 2002. Description of plesiosaurs (Reptilia: Sauropterygia) from the Bearpaw Formation (Campanian – Maastrichtian) and a phylogenetic analysis of the Elasmosauridae. Ph. D thesis.

Sato T, Cheng Y N, Wu X C, et al. 2010. Osteology of *Yunguisaurus* Cheng et al., 2006 (Reptilia: Sauropterygia), a Triassic pistosauroid from China. Paleontological Research 14: 179 – 195.

Sato T, Zhao L J, Wu X C, et al. 2013. A new specimen of the Triassic pistosauroid *Yunguisaurus*, with implications for the origin of Plesiosauria (Reptilia, Sauropterygia). Palaeontology:1 – 22.

Seeley H G. 1882. On *Neusticosaurus pusillus* (Fraas), an amphibious reptile having affinities with terrestrial Nothosauria and with marine Plesiosauria. Quarterly Journal of the geological Society of London 38:350 – 366.

Shang Q H. 2006. A new species of *Nothosaurus* from the early Middle Triassic of Guizhou, China. Vertebrata Palasiatica 44:237 – 249.

Shang Q H, Wu X C, Li C. 2011. A new eosauropterygian from Middle Triassic of eastern Yunnan province, southwestern China. Vertebrata Palasiatica 49:155 – 171.

Storrs G W. 1991. Anatomy and relationships of *Corosaurus alcovensis* (Diapsida: Sauropterygia) and the Triassic Alcova Limestone of Wyoming. Bulletin of the Peabody Museum of

Natural History 44:1 – 151.

Storrs G W. 1993. Function and phylogeny in sauropterygian (Diapsida) evolution. American Journal of Science 293 – A:63 – 90.

Storrs G W. 1997. Morphological and taxonomic clarification of the genus *Plesiosaurus*; pp. 145 – 190 in J. M. Callaway and E. Nicholls (eds.) Ancient Marine Reptiles. Academic Press, San Diego.

Storrs G W, Taylor M A. 1996. Cranial anatomy of a new plesiosaur genus from the lowermost Lias (Rhaetina/Hettangian) of Street, Somerset, England. Journal of Vertebrate Paleontology 16:403 – 420.

Suchultze H P. 1970. Über *Nothosaurus*. Neubeschreibung eines Schädels aus dem Keuper. Senckenbergiana lethaea 51:211 – 237.

Sues H D. 1987. Postcranial skeleton of *Pistosaurus* and interrelationships of the Sauropterygia (Diapsida). Zoological Journal of the Linnean Society 90:109 – 131.

Swofford D L. 2002. PAUP * 4.0b10. Phylogenetic Analysis Using Parsimony (* And Other Methods). Sinauer Associates, Sunderland, Massachusetts, 199 pp.

Taylor M A. 1992. Functional anatomy of the head of the large aquatic predator Rhomaleosaurus zetlandicus (Plesiosauria, Reptilia) from the Toarcian (Lower Jurassic) of Yorkshire, England. Philosophica Transactions of the Royal Society of London, series B, 335:247 – 280.

Tintori A, Renesto S. 1990. A new *Lariosaurus* from the Kalkschieferzone (uppermost Ladinian) of Valceresio (Varese, N. Italy). Bollettino della Società Paleontologica Italiana 29: 309 – 319.

Zhao L J, Sato T, Li C. 2008. The most complete pistosauroid skeleton from the Triassic of Yunnan, China. Acta Geologica Sinica 82:283 – 286.

Zhao L J, Li C, Liu J, et al. 2009. A new armored placodont from the Middle Triassic of Yunnan province, southwestern China. Vertebrata Palasiatica 46:171 – 177.

附录Ⅰ　鳍龙超目分支系统学分析的性状列表

1. 膜颅骨:(0)纹饰明显;(1)光滑。

2. 眶前区域与眶后区域的长度:(0)等长;(1)眶前区域长;(2)眶后区域长。

3. 吻部:(0)较短;(1)较长,且前部变宽;(2)较长,前部未变宽。

4. 成年个体吻部收缩:(0)不收缩;(1)收缩。

5. 前颌骨:(0)较小;(1)较大,构成外鼻孔前缘之前的吻部。

6. 前颌骨的鼻后突:(0)缺失;(1)存在,上颌骨与外鼻孔后缘不接触。

7. 外鼻孔:(0)不收缩;(1)收缩,外鼻孔长径接近或超过眼眶长度的1/2;(2)收缩,外鼻孔长径远小于眼眶长度的1/2。

8. 鼻骨:(0)短于额骨;(1)长于额骨。

9. 鼻骨:(0)不退化;(1)退化;(2)缺失。

10. 鼻骨:(0)两侧鼻骨接触;(1)两侧鼻骨愈合;(2)不接触,前颌骨向后延伸与额骨接触,将两侧鼻骨隔开。

11. 泪骨:(0)存在,进入外鼻孔;(1)存在,与外鼻孔不接触;(2)缺失。

12. 前额骨的背视出露部分:(0)大;(1)退化。

13. 前额骨:(0)没有前内侧突;(1)前内侧突进入上颌骨与前颌骨之间。

14. 额骨:(0)参与眼眶背缘的构成;(1)前额骨与后额骨相接,将额骨与眼眶隔开。

15. 额骨(成年个体):(0)不愈合;(1)愈合。

16. 额骨明显的后外侧突:(0)缺失;(1)存在。

17. 额骨:(0)远离上颞孔;(1)与上颞孔接触,但接触面积小;(2)进入上颞孔前内侧边缘。

18. 后额骨:(0)大,呈板状;(1)有外侧突,与眶后骨的背突相叠覆;(2)外侧突退化,后额骨细长。

19. 颧骨:(0)沿眼眶腹缘向前延伸;(1)进入且未超过眼眶后缘;(2)未超过眼眶后缘,且与其不接触。

20. 颧骨:(0)向后延伸至颊区中点之前;(1)向后延伸至头骨后端。

21. 颧骨:(0)未进入上颞弓;(1)进入上颞弓。

22. 顶骨(成年个体):(0)不愈合;(1)后端愈合;(2)完全愈合。

23. 顶骨平台:(0)不收缩;(1)轻微收缩;(2)强烈收缩(至少在后部);(3)形成矢状嵴。

24. 顶孔:(0)位于顶骨平台中间;(1)轻微后移;(2)明显后移;(3)前移。

25. 后顶骨:(0)存在;(1)缺失。

26. 案骨:(0)存在;(1)缺失。

27. 上颞骨:(0)存在;(1)缺失。

28. 颞区:(0)较高;(1)明显降低。

29. 上颞孔:(0)缺失;(1)存在,与眼眶等大或稍大于眼眶;(2)存在,明显大于眼眶;(3)存在,明显小于眼眶。

30. 上颞孔前内侧拐角:(0)没有;(1)部分;(2)全部被后眶骨及其临近骨块(后额骨、顶骨)覆盖。

31. 下颞孔:(0)缺失;(1)存在,且封闭;(2)存在,不封闭。

32. 鳞骨:(0)向下接近头骨的腹缘;(1)远离头骨腹缘。

33. 鳞骨的“盒状悬器”:(0)缺失;(1)存在。

34. 鳞骨上与副枕突远端接触的凹槽:(0)缺失;(1)存在。

35. 方颧骨:(0)存在;(1)缺失。

36. 方颧骨前突:(0)存在;(1)缺失。

37. 方骨:(0)侧视被鳞骨和方颧骨覆盖;(1)侧视可见。

38. 方骨后缘:(0)直;(1)弯曲。

39. 方骨外侧凹槽:(0)缺失;(1)存在。

40. 上翼骨背突:(0)与基部等宽;(1)窄于基部。

41. 脑壳:(0)位于头骨后端;(1)位于顶骨平台之下。

42. 枕嵴:(0)缺失;(1)存在,两侧鳞骨不相接;(2)存在,两侧鳞骨相接。

43. 枕部:(0)副枕突向后外侧向延伸,构成后颞孔下缘;(1)副枕突向后延伸;(2)无明显副枕突,后颞孔退化,枕部呈板状。

44. 颌关节:(0)与枕髁水平;(1)比枕髁靠后;(2)比枕髁靠前。

45. 上枕骨:(0)竖直;(1)水平;(3)呈“U”型。

46. 外枕骨与基枕髁:(0)接触;(1)不接触。

47. 基枕突:(0)自由;(1)与翼骨关节,纵向延伸;(2)与翼骨关节,横向延伸。

48. 鄂骨:(0)可活动;(1)不可活动。

49. 前颌骨:(0)进入;(1)不进入内鼻孔。

50. 后翼窝:(0)缺失;(1)存在。

51. 翼骨:(0)长于;(1)短于鄂骨。

52. 翼骨凸缘:(0)发育,横向延展;(1)发育,纵向延展;(2)退化。

53. 外翼骨:(0)存在;(1)缺失。

54. 眶下孔:(0)缺失;(1)存在。

55. 颈内动脉管:(0)进入头骨基部;(1)进入翼骨的方骨分支。

56. 夹板骨:(0)进入下颌愈合部;(1)不进入。

57. 下颌的喙突:(0)缺失;(1)存在。

58. 上隅骨侧嵴,供收肌附着:(0)不存在;(1)存在。

59. 下颌骨愈合部:(0)短;(1)牢固;(2)细长,呈勺状。

60. 下颌后关节突:(0)缺失;(1)存在。

61. 后关节突背视的凹槽:(0)缺失;(1)存在。

62. 牙齿:(0)有齿窝;(1)与骨骼表面直接接触。

63. 壳食性牙齿,包括上颚齿板:(0)缺失;(1)存在。

64. 前颌齿:(0)大于等于 4 枚;(1)小于 4 枚。

65. 前部牙齿:(0)竖直或稍平伏;(1)明显平伏。

66. 前颌骨和齿骨前端的獠牙:(0)缺失;(1)存在。

67. 上颌骨上 1 枚或 2 枚较大的牙齿:(0)存在;(1)缺失。

68. 上颌齿列:延伸至(0)眼眶后缘之前;(1)眼眶后缘或上颞孔前缘;(2)上颞孔前缘之后。

69. 翼骨凸缘上的牙齿:(0)存在;(1)缺失。

70. 脊椎骨:(0)脊索;(1)非脊索。

71. 脊椎骨:(0)双凹;(1)双平;(2)其他。

72. 椎体:(0)腹面收缩;(1)腹面侧缘平行。

73. 下中心孔:(0)缺失;(1)存在。

74. 相互关节的椎弓突/椎弓凹:(0)缺失;(1)存在。

75. 关节突膨大:(0)缺失;(1)存在。

76. 颈椎数目:(0)少于30节;(1)多于30节。

77. 颈椎椎体:(0)腹面较圆;(1)腹面有嵴。

78. 椎体横突:(0)从前部颈椎到后部颈椎,其位置未逐渐后移;(1)后移。

79. 颈椎间椎体:(0)存在;(1)缺失。

80. 背椎横突远端关节面:(0)椭圆;(1)近圆形。

81. 背椎横突:(0)短;(1)长。

82. 背椎横突远端关节面:(0)未扩展;(1)扩展。

83. 背椎椎体与椎弓关节面:(0)狭窄;(1)扩展呈蝴蝶状平台。

84. 背椎间椎体:(0)存在;(1)缺失。

85. 背椎和荐椎的关节前/后突的轴向倾斜:(0)缺失;(1)存在。

86. 颈肋自由的前突:(0)缺失;(1)存在。

87. 背肋膨大:(0)缺失;(1)存在。

88. 荐肋数目:(0)2枚;(1)3枚;(2)大于等于4枚。

89. 荐肋远端明显扩展:(0)存在;(1)缺失。

90. 荐肋(尾肋)或背椎横突与椎体:(0)有缝合线;(1)愈合。

91. 矿化的胸骨:(0)缺失;(1)存在。

92. 腹膜肋内侧部分:(0)弯曲;(1)平直。

93. 腹膜肋内侧部分:(0)有一个外突;(1)有两个外突。

94. 匙骨:(0)存在;(1)缺失。

95. 锁骨:(0)内侧变宽;(1)内侧变窄。

96. 锁骨:(0)间锁骨之前两侧锁骨不接触;(1)接触。

97. 锁骨:前外侧拐角(0)不扩展;(1)扩展。

98. 锁骨:(0)与肩胛骨外表面接触;(1)与肩胛骨内表面接触。

99. 锁骨和间锁骨:(0)简单叠覆接触;(1)锁骨包围间锁骨外突。

100. 间锁骨:(0)近菱形;(1)“T”型。

101. 间锁骨后突:(0)长;(1)短;(2)近菱形或缺失。

102. 肩胛骨:(0)宽棒状;(1)有一凹槽,将其背突与关节窝隔开。

103. 肩胛骨背突远端:(0)逐渐变窄,末端钝圆;(1)扩展。

104. 肩胛骨上关节支点:(0)存在;(1)缺失。

105. 乌喙骨骨化中心:(0)1 个;(1)2 个。

106. 乌喙骨:(0)轮廓圆;(1)轻微扭转;(2)强烈扭转;(3)内缘扩展并嵴状加厚,乌喙孔不增大;(4)内缘扩展并嵴状加厚,乌喙孔扩大。

107. 乌喙孔:(0)封闭于乌喙骨内;(1)位于乌喙骨和肩胛骨之间。

108. 胸孔:(0)缺失;(1)存在。

109. 四肢:(0)短粗;(1)细长。

110. 后肢:(0)短而宽;(1)细长。

111. 肱骨:(0)直;(1)弯曲。

112. 三角肌嵴:(0)发育;(1)退化;(2)缺失。

113. 背阔肌嵴:(0)明显;(1)退化。

114. 肱骨内髁:(0)明显;(1)退化。

115. 外髁槽:(0)开放,向前延伸形成凹槽;(1)开放,未向前形成凹槽;(2)缺失。

116. 内髁孔:(0)存在;(1)缺失。

117. 桡骨(0)短于尺骨;(1)长于尺骨;(2)等长。

118. 尺骨远端:(0)不扩展;(1)明显扩展。

119. 腕骨数目:(0)大于 3 枚;(1)3 枚;(2)2 枚。

120. 髂骨片:(0)发育;(1)退化,延伸到髂骨髋臼后缘之后;(2)退化,延伸到髂骨髋臼后缘之前;(2)缺失。

121. 耻骨:(0)内缘外凸;(1)内缘内凹。

122. 耻坐孔(成年个体):(0)封闭;(1)开放。

123. 甲状腺孔:(0)缺失;(1)存在。

124. 髋臼:(0)椭圆形;(1)圆形。

125. 股骨骨干:(0)直而粗壮;(1)细长而弯曲。

126. 股骨内转子:(0)发育;(1)退化。

127. 内转子窝:(0)深;(1)明显,但已退化;(2)退化或缺失。

128. 远端股骨髁:(0)明显;(1)与骨干没有明显区别。

129. 前股骨髁与后股骨髁:(0)前股骨髁大于后股骨髁;(1)前股骨髁

小于后股骨髁,或二者等大。

130. 跗骨数目:(0)大于等于 4 枚;(1)3 枚;(2)2 枚。

131. 穿动脉:(0)穿过距骨和跟骨之间;(1)从距骨之前穿过胫骨和腓骨的远端。

132. 距骨近端:(0)不内凹;(1)内凹。

133. 跟骨突:(0)缺失;(1)存在。

134. 远端跗骨 1:(0)存在;(1)缺失。

135. 远端跗骨 5:(0)存在;(1)缺失。

136. 第 5 跖骨:(0)细长;(1)明显比其他跖骨短宽。

137. 第 5 跖骨:(0)直;(1)钩状。

138. 鳞片:(0)缺失;(1)存在;(2)形成甲壳,不包括内骨骼;(3)形成甲壳,包括内骨骼。

139. 颧骨呈"L"型:(0)缺失;(1)存在。

140. 上颚齿:(0)多列排布,牙齿小而多;(1)单列排布,牙齿多于或等于 4 枚;(2)单列排布,牙齿少于 4 枚;(3)缺失。

141. 上枕骨:(0)位置低于顶骨;(1)与顶骨位于同一水平面,并紧密接触。

附录Ⅱ　鳍龙超目分支系统学分析的性状编码矩阵

Ancestor　0 0 0 0 0 0 0 0 0 0 0 0 0 0 0 0
0 0 0 0 0 0 0 0 0 0 0 0 0 0 0 0 0 0 0
0 0 0 0 0 0 0 0 0 0 0 0 0 0 0 0 0 0 0
0 0 0 0 0 0 0 0 0 0 0 0 0 0 0 0 0 0 0
0 0 0 0 0 0 0 0 0 0 0 0 0 0 0 0 0 0 0
0 0 0 0 0 0 0 0 0 0 0 0 0 0 0 0 0 0 0
0 0 0 0 0 0 0 0 0 0 0 0 0 0 0 0 0 0 0
0 0 0 0 0 0 0 0 0 0

Captorhinidae　0 0 0 0 0 0 0 0 0 0 0 0 0 0 0
0 ? 0 0 0 0 0 0 0/2 0 1 0 0 0 0 0 0 0 0
0 0 0 0 0 0 0 0 0 0 0 ? 0 0 0 0 0 0 1
0 0 0 0 0 0 0 0 0 0 0 0 ? 0 0 0 0 0 0
0 0 0 0 0 0 0 0 0 0 ? 0 0 0 0 0 0 0 0
0 0 ? 0 0 0 0 0 0 ? 0 ? 0 1 0 0 0 0 0
0 0 0 0 0 0 0 0 0 0 0 0 0 0 0 0 0 0 0
0 0 0 0 0 0 0 0 0 0 0 0

Araeoscelidia　1 1 0 0 0 0 0 0 0 0 0 0 0 0 0
1 0 1 0 0 0 0 0 0 0 0 0 0 3 0 0/1 0 0 0
0 0 0 0 0 ? 0 0 0 0 0 1 0 0 0 0 0 0 0
1 0 1 0 0 0 0 0 0 0 0 0 0 0 0 0 0 0 0
0 0 0 0 1 0 0 0 0 0 ? 0 0 0 0 0 0 0 1
0 0 0 0 0 0 0 0 1 0 0 ? 0 1 0 0 0 1 1
0 0 0 0 0 0 0 0 0 0 0 0 0 0 0 0 0 0 0
0 0 0 0 0 0 0 0 0 0 0/1 0

Claudiosaurus　0 1 0 0 0 0 0 0 0 0 1 0 0 0 0
1 0 1 0 0 0 0 0 0 1 1 1 0 3 0 2 0 0 0
0 1 0 0 0 ? 0 0 0 0 0 ? 0 0 0 0 0 2 0
1 0 1 0 ? 0 0 0 0 0 0 0 0 1 0 0 ? 0 0

0 0 0 0 1 0 0 0 0 0 ? 0 0 1 0 0 0 1 ?
0 0 1 1 0 0 0 0 1 0 0 ? 1 0 0 0 0 0 1
0 1 1 1 1 0 0 0 0 0 0 0 0 1 1 0 1 1 1
0 0 0 0 0 0 0 0 0 1 0 0

Younginiformes 1 1 0 0 0 0 0 0 0 0 1 0 0 0 0
1 0 1 0 0 0 0 0 0 0 0 0 0 3 0 1 0 0 0
0 0 1 1 0 ? 0 0 0 0 0 1 0 0 0 0 0 0 0
1 0 ? 1 0 0 1 0 0 0 0 0 0 1 0 0 0 0 0
0 0 0 0 1 0 0 0 0 0 0 0 0 0 0 0 0 ? 1
0 0 ? 1 0 0 0 0 1 0 0 ? 1 0 0 0 ? 1 1
0 0 ? 0 0 0 ? 0 0 0 0 0 0 1 1 0 1 0 1
0 0 0 0 0 0 1 0 0 0 0 0

Rhynchosauria 1 0 0 0 1 1 0 0 0 0 1 0 0 0 0
0 0 1 0 1 0 1 3 3 1 1 1 0 1 0 1 1 0 0
0 0 1 1 0 1 0 0 1 0 0 0 0 0 1 0 0 0 0
1 0 0 1 0 0 1 0 0 0 0 ? 0 1 0 1 1 0 0
0 0 0 0 1 0 0 0 0 0 ? 0 0/1 0 0 0 0 0 ?
0 0 1 1 0 0 0 0 1 0 0 ? 1 0 0 0/1 0 1 1
0 0 0 0 0 1 0 0 0 0 0 0 0 1 1 0 1 0 1
0 1 0 1 0 1 1 1 0 0 3 0

Trilophosaurus 1 1 0 0 1 ? 0 0 0 0 ? 0 0 1 0
0 1 1 0 ? 0 0 3 3 1 1 ? 0 1 0 0 ? 0 0
0 ? 1 1 0 0 0 ? 1 2 0 ? 0 0 0 0 0 0 0
1 0 ? 1 0 0 1 0 0 0 0 ? 0 1 0 1 1 1/2 ?
0 0 0 0 1 0 0 0 0 0 ? 0 0 1 0 0 0 ? ?
0 ? 1 1 0 0 0 0 1 0 0 ? 1 0 0 0 0 1 1
0 0 ? 0 0 1 0 0 0 0 0 0 0 1 1 0 1 0 1
0 0 0 1 0 1 1 1 0 0 3 0

Prolacertiformes 1 1 0 0 1 1 0 1 0 0 1 0 0 0 0
0/1 0 1 0 0/1 0 0&1 0 2/3 1 1 0/1 0 3 0 2 1 0
0 0/1 1 1 1 0 ? 0 0 1 0 0 1 0 0 0 0 0 0
0 1 0 1 0/1 0 0 1 0 0 0 0 0 0 1 0 0/1 1 0/2
0 0 0 0 0 1 0 0/1 0 0 0 ? 0/1 0 1 0 0 0 1
1 0 0 1 1 0 0 0 0 0 ? 0 ? 1 0 0 0 0 1

1 0 0 0 0 0 1 1/2 0 0 0 0 0 0/1 1 1 0 1 0
1 0 0 0 0/1 0/1 1 1 0/1 0 0 0/3 0

Choristodera 1 2 0 0 1 1 0 1 0 0 1 0 0 0 0
0 0 1 0 0 0 0 1 3 1 1 1 0 1 0 1 1 0 0
0/1 0 1 1 0 ? 0 1 1 1 0 1 0 ? 1 0 0 0 0
1 0 1 0 0 0 1 0 0 0 0 0 0 1 0 0 1 1 0
0 0 0 0 1 0 0 0 0 0 1 1 0 1 0 1 0 0 ?
0 ? 1 1 0 0 0 1 1 0 0 ? 1 0 0 0 0 1 1
0 0 0 0 0/2 1 2 0 0 0 0 0 0 1 1 0 1 1 1
0 ? 0 1 0 1 1 1 0 0 0/3 0

Archosauriformes 0/1 0/1 0 0 1 1 0 1 0 0 1 0 0 0
0&1 0/1 0/1/2 1 0 1 0 0&1 0/2 0/3/4 1 1 0/1 0 3
0 1 1 0 0 0 0 1 1 0 ? 0 0/1 0/1 0/1/2 0 1 0
0/1 0&1 0 0 0 0/1 1 0 1 0/1 0 0 1 0 0 0 0 0
0 1 0 0/1 1 0/1/2 0 0 0 0 0 1 0 0/1 0 1 0 0
0/1 0/1 1 0 0/2 0 0/1 1 0 0 1 1 0 0 0 0 1 0 0 ?
1 0 0 0&1 0 1 1 0 0 0 0/1 0 1 0 0 0 0 0
0 0 1 1 0 1/2 0/1 1 0 0 0 1 0/1 1 1 1 1 0 0/3
0

Kuehneosauridae 1 0 0 0 0 0 0 0 0 0 1 0 0 0
0 1 0 1 0 0 0 0 0 2 1 1 1 0 1 0 2 1 0
0 1 1 1 1 1 ? 0 1 0 0 0 1 0 0 ? 0 0 0 ?
1 0 ? 0 0 0 1 0 0 0 0 0 0 1 0 1 1 0 0
0 0 0 0 1 0 1 0 1 0 ? 1 1 ? 0 0 0 1 ?
0 ? ? ? ? ? ? ? ? ? 1 ? 1 0 0 0 0 1 ?
0 0 0 0 2 1 2 0 0 0 0 0 1 1 1 0 1 0 1 ?
? 0 ? ? ? ? ? 0 0 0/1 0

Rhynchocephalia 1 0 0 0 0 0 0 0 0 0 1/2 0 0 0
0/1 0/1 0 1 0/1 1 0 0/1 0/2 0/2 1 1 0/1 0 1 0 1/2 0 0
0 0 1 1 1 0/1 1 0 0/1 0/1 0 0 1 0 0 0 0 0 0
0 1 0 1 1 0 0 1 0 1 0 0 0 0 1 0 1 0/1 0
0 0 1 0 0 1 0 0 0 0 0 0 0/1 0 0 0 0 0 1
1 0 0 1 1 0 0 0 0 1 0 0 ? 1 0 0 0 0 1
1 0 0 0 0 2 0 0 0 0 0 0 0 1 1 1 0 1 0

1 0 1 0 0 0/1 1 1 1 0 0 1 0

Squamata 1 0/1/2 0 0 0 0 0 0 0 0 1/2 0 0 0&1
0/1 0 0 1 0/1 0 0 0&1 0/2 0/2/3/4 1 1 0/1 0 1 0 2
1 0 0 1 ? 1 1 1 1 0 0/1 0 0/1/2 0&1 0/1 0 0
0/1 0 0 0 0 1 0 1 1 0 0 1 0 1 0 0 0 0 1
0 1 1 0/2 0 0 0/1 0 0 1 0 0 0 0 0 0 1 0/1 0
0 0 0 1 1 0 ? 1 0/1 0 0 0 0 1 0/1 0 ? 1 0
0 0 0 1 1 0 0 0 0 0/2 1 0 0/1 0 0 0 0 1 1
1 0 1 0 1 0 1 0 0 1 1 1 1 1 0/1 0/1/2/3 ?

Corosaurus 0 0 1 0 1 0 1 0 0 0 2 0 0 0 0 1
1 1 ? 0 0 0 1 0 1 1 1 0 1 0 2 0 0 1 ? ?
1 0 0 1 0 1 1 1 0 1 ? 1 ? 0 0 0 0 0 ? ?
1 1 1 1 0 0 0 0 1 1 0 1 1 1 0 0 0 1 0
0 1 0 1 0 0 1 1 1 1 1 0 1 0 1 0 0 1 1
1 0 1 1 1 1 1 1 1 1 0 1 1 1 0 0 1 1 1
1 0 0 2 0 1 1 0 1 1 1 1 0 1 1 1 1 1 0
0 1 1 ? ? 0 0 0 ?

Cymatosaurus 0 2 1 1 1 0 1 0 2 2 2 0 0 0/1 0
1 1&2 1 1 0 0 1/2 2/3 0 1 1 1 0 2 1 2 0 0
1 1 ? 1 0 0 ? 0 0/1 1 1 0 ? ? 1 1 0 0 0
0 0 1 1 0 ? 2 ? 0 0 0 0 1 1 0 1 1 1 1
0 0 1 ? ? ? ? 1 0 0 1 1 1 ? ? 0 ? ? 0
0 0 0 1 ? ? ? ? ? ? ? ? ? ? 0 ? ? ? 0 ?
0 0 0 0 0 0 ? 0 ? ? 0 1 1 1 1 0 1 1 1 ?
? ? ? ? ? ? ? 0 0 3 0

Augustasaurus 0 0 2 0 1 0 2 ? 2 2 2 0 1 0 0
1 2 1 0 0 1 0 3 3 1 1 1 0 2 2 2 0 1 ?
1 ? 1 0 0 0 1 2 1 1 2 1 1 1 1 1 0 0 0
0 ? ? 0 1 2 1 0 0 0 0 0 1 0 2 1 1 1 0
1 ? 0 1 1 1 1 1 0 1 1 1 ? 1 0 ? ? ? 0
0 ? 1 0 ? 0 1 1 ? ? 1 0 ? 0 3 ? 1 0 ?
1 2 1 1 3 1 2 1 1 ? ? ? ? ? ? ? ? ? ? ?
? ? ? ? ? ? ? 0 0 3 0

Pistosaurus 0 0 2 0 1 0 2 0 2 2 2 0 1 0 0 1

2 1 ? 0 1 1 3 3 1 1 1 0 2 2 2 0 1 ? 1 ?
1 0 0 1 1 2 1 1 ? ? ? 1 ? 0 0 0 0 0 ? ?
? ? ? ? ? 0 0 0 1 1 0 1 1 1 1 0 1 1 0
0 ? 1 ? 0 0 1 1 ? ? 1 0 ? ? ? 0 0 ? 1 ?
? ? ? ? ? ? 1 1 1 0 3 ? ? 0 ? 1 ? 1 1
3 1 2 1 1 0 ? ? ? ? 1 1 ? ? ? ? ? ? ? ?
? ? ? 0 0 3 ?

Plesiosaurus 0 0 0 0 1 0 0 ? 1/2 2 2 0 0 0 0
0 0 1 0 0 1 0 3 3 1 1 1 0 2 2 2 0 1 0
1 ? 1 0 0 1 1 2 1 1 2 1 1 1 1 1 0 2 0
0 ? ? 0 1 0 1 0 0 0 0 0 0 1 1 1 1 1 0
1 0 0 1 1 0 1 1 0 1 1 1 0 1 0 1 0 0 0
0 ? 1 0 1 0 1 1 ? ? 1 0 1 0 4 1 1 0 1
0/1 1 1 0 3 1 2 ? 0 4 ? 1 1 1 0 1 2 1 1
0 ? 0 0 1 ? ? ? ? ? 3 0

Simosaurus 0 2 0 0 1 0 0 0 1 2 2 0 0 0 1 0
0 1 0 0 0 2 1 1 1 1 1 0 2 0 2 0 0 0 0
1 1 0 0 0 0 0 2 1 0 1 2 1 0 0 0 2 0 0
1 1 0 1 0 1 0 0 0 0 1 0 1 2 1 1 1 0 0
1 0 0 1 0 1 0 0 0 1 1 1 1 0 1 0 0 0 0
1 1 0 1 1 1 1 1 1 1 0 1 0 2 1 1 0 0 1
0 1 1 1 1 2 0 1 2 1 0 1 1 1 1 2 1 1 1
1 1 0 1 1 0 0 0 0 3 0

Germanosaurus 0 2 1 1 1 0 1 0 0 2 2 1 0 0 0
1 1 1 2 0 ? 1 1 1 1 1 1 1 2 0 2 0 0 ? ?
? 1 0 0 ? 0 0 ? ? ? ? ? 1 ? 0 0 ? ? ? ?
? ? ? ? ? ? 0 0 0 1 1 1 1 ? ? ? ? 0 ? ?
? ? ? ? ? ? ? ? ? ? ? ? ? ? ? 0 0 ? 1 ?
? ? ? ? ? ? ? ? ? 0 ? ? ? ? ? ? ? ? ? ?
? ? 0 ? ? ? ? ? ? ? ? ? ? ? ? ? ? ? ? ?
? ? 0 0 3 ?

Nothosaurus 0 2 1 1 1 0 1 0 0 0/2 2 1 0 0 1
1 0 1/2 1/2 0 0 2 2/3 2 1 1 1 1 2 0 2 0 0 0
0/1 1 1 0 0 0 0 1 2 0/1 1 1 2 1 1 0 0 0/2 0

0 1 1 0 1 2 1 0 0 0 0 1 1 0 2 1 1 1 1
0 1 0&1 0 1 0 1 0 0 0 1 1 0 1 0/1 1 1 0/1
0 0 1 1 0/1 1 1 1 1 0/1 2 1 0 1 0 2 1 1 0
0 1 0/1 0/1 1 0/1 0 2 0 1 2 1 0 1 1 1 1 2 1
1 1 1 1 0 1 1 0 0 0 0 3 1

Lariosaurus 0 2 1 1 1 0 1 0 0 0/2 2 1 0 0 1 1
0 2 1/2 0 0 2 2 1 1 1 1 1 1/2 0 2 0 0 0 ? ?
1 0 0 0 0 1 2 0 1 ? ? 1 ? 0 0 1 0 0 ? ?
0 1 2 1 0 0 0 0 1 1 0 2 1 1 1 1 0 ? 1
0 1 0 1 0 0 0 ? 1 0 1 0/1 2 1 0 0 0 0 1
0 1 1 1 1 ? ? 1 0 1 0 2 1 1 0 0 1 1 1
1 1 0 2 0 0/1 3 0/1 1 1 1 1 1 2 1 1 0 1 1
0 1 1 0 0 0 0 3 1

Wumengosaurus 0 1 2 0 1 0 1 0 0 0 ? 0 0 0 0 ?
? 1 ? ? ? 0 0 0 1 1 1 0 3 1 2 ? 0 ? ? ?
1 1 ? ? 0 ? ? 0 ? ? ? ? ? ? ? ? ? ? ? ?
0 ? ? 1 0 0 0 0 0 1 0 ? 1 0 ? 0 ? 0
0 ? 0 ? 0 0 0 ? ? ? 1 1 1 1 0 ? 0 ? 1 ?
? 1 1 ? ? ? 1 ? 1 0 ? ? ? 0 0 1 1 ? 1
0 0 1 0 1 0 0 ? 1 ? 1 ? ? 1 1 2 1 1 0
1 1 0 0 0 1 3 ?

Serpianosaurus – Neusticosaurus 1 1 0 0 1 0 0 0 0 0/2 2
0 0 0 0/1 1 0 1/2 0 0 0 0 0 0 1 1 1 0 3 0
2 0 0 0 0 1 1 1 0 1 0 0 2 0 1 ? ? 1 0
0 0 2 1 0 ? ? 0 0 0 1 1 0 0 0 0 0 1 0
1 1 0 1 0 1 1 0 1 0 1 0 0 0 1 1 0 1 1
1/2 1 0 0 0 0 1 0 1 0 1 1 0&1 2 1 0 1 0
2 1 1 0 0 1 0 1 0/1 0/1 0 1/2 0 1/2 3 0/1 0/1 1 1
1 1 2 1 1 2 1 1 0 1 1 0 0 0 1 3 0

Anarosaurus – Dactylosaurus 1 1 0 0 1 0 0 0 0 0 2 0
0 0 0 1 0 1 0 0 0 0 0 0 1 1 1 0 3 0 2
0 0 0 ? ? 1 1 0 1 0 0 2 0 1 ? ? 1 0 0
0 2 1 0 ? ? 0 0 0 1 1 0 0 0 0 0 1 0 1
1 0 1 0 1 1 0 1 0 1 0 0 0 1 1 0 1 0 1

1 0 0 0 0 1 0 1 1 1 1 ? ? 1 0 1 0 2 1
1 0 ? 1 0 1 0 0 0 1 0 1 3 0 0 1 1 ? 1 ?
? ? ? ? 0 ? ? ? ? ? 0 1 3 0

Keichousaurus 1 0 0 0 1 0 0 0 1 2 2 0 0 0 1
1 0 1 0 0/1 0 2 0 3 1 1 0 0 3 0 2 1 0 0
0 1 1 0 0 ? 0 0 2 0 1 1 ? 1 0 0 0 2 ?
0 ? 0 1 0 0 1 1 0 0 0 0/1 0 0 0 1 1 0 1
0 1 1 0 1 ? 1 0 0 0 1 1 0 1 1 0/1 1 0 0
0 0 1 0 1 1 1 1 1 2 1 0 1 0 2 1 1 0 0
1 0/1 0/1 1 1 1 1 0 0 2 0 0 1 1 1 1 2 1 1
1 1 0 0 1 1 0 0 0 0 3 0

Dianopachysaurus 1 2 0 0 1 0 0 0 0 0 2 0 0 0
1 1 1 1 0 0 0 2 0 0 1 1 1 0 3 0 2 0 0 ?
0 ? 1 0 0 ? 0 0 ? 0 ? ? ? ? ? ? ? ? ? ?
? ? 0 0 ? 1 ? 0 0 0 0 0 0 0 ? ? ? ? ? ?
1 0 ? ? ? ? 0 ? ? ? ? 1 1 1 1 0 ? ? ?
1 0 ? ? 1 ? ? ? 1 0 1 ? ? ? ? 0 0 1 1
1 1 1 0 2 0 0 2 0 1 ? ? 1 1 2 1 1 2 1
0 0 1 1 0 0 0 1 ? ?

Hovasaurus ? 1 ? ? ? ? ? ? ? ? ? ? ? 0 0 1
0 1 0 0 0 0 0 0 ? ? 0 0 3 0 2 0 0 ? ? ?
1 0 0 ? 0 0 0 2 0 1 0 0 ? 0 ? ? ? 1 ? ?
? ? ? 1 ? 0 0 ? ? ? ? 0 0 0 0 0 0 0 0
0 1 0 0 0 0 0 0 0 0 0 0 0 0 0 1 0 0 0
1 0 0 0 0 1 0 0 ? 1 0 0 0 0 1 1 0 0 0
0 2 0 2 0 0 0 0 0 0 1 1 0 1 0 1 0 0 1
0 0 ? 1 0 ? 0 ? 0

Yunguisaurus 0 0 1 1 1 0 2 0 1 2 2 0 0 0 1
0 1 1 0 0 0 1 3 3 1 1 1 ? 2 2 2 0 ? ?
1 ? 1 0 ? 1 1 ? ? 1 ? ? 2 ? ? 1 ? 1 0
0 0 0 1 0 2 1 ? 0 0 0 1 1 0 1 1 1 0&1
0 0 1 0 1 1 ? 1 1 0 ? 1 1 ? 1 0 1 0 0
0 0 0 1 0 ? ? 1 1 ? ? 1 1 1 0 3 1 1 0
1 1 1 1 1 3 1 2 1 0 4 0 1 1 ? 0 1 2 1

1 0 ? 0 0 0 0 0 0 0 0 3 0

Diandongosaurus 0 1 1 0 1 0 1 0 0 2 2 0 0 1
1 1 1 1 0 0 0 1 1 0 1 1 1 0 3 1 2 0 0
0 0 1 1 1 0 ? 0 ? ? ? ? ? ? ? ? ? ? ? ?
? ? ? 0 0 ? 1 1 0 0 0 1 1 0 2 ? 1 ? 0
0 1 0 0 1 0 1 0 0 0 1 1 0 1 0 1 1 0 0
0 0 1 1 1 1 ? 1 0 2 ? ? ? 0 2 1 1 0 0
1 1 1 1 ? 1 1 0 2 ? 0 1 1 1 1 1 1 1 1
2 1 0 0 1 1 0 0 0 1 ? 0

Psephoderma 0 2 2 1 1 0 2 0 1 2 2 1 0 0 0 ?
0 1 0 0 0 2 0 3 1 1 1 0 2 0 0 1 0 0 0
0 1 1 0 ? 0 0 1 0 0 ? ? 1 0 0 1 1 1 0 ?
? ? ? ? ? ? 0 1 1 ? 0 1 0 1 ? 0 0 ? ?
0 0 1 ? ? ? 1 0 ? 1 0 1 0 1 0 0 0 1 0
1 ? ? ? 1 ? ? ? 0 ? ? 0 1 ? 1 0 0 1 0
1 0 2 1 0 0 ? 1 0 1 1 1 1 0 1 1 1 1 ?
1 0 1 1 0 0 2 0 2 0

Cyamodus 0 2 1 1 1 0 1 0 0 0/1 2 0 0 0 0 0/1
0 1 0 0 1 2 0 3 1 1 1 0 2 0 0 1 0 0 0
0 0 1 0 0 0 0 1 1 0 0/1 0 1 1 0 1 1 1 0
0 ? 1 0 2 1 0 0 1 1 0 0 1 0 1 ? 0 0 0
0 0 0 1 0 1 ? 1 0 0 1 0 1 0 1 0 0 0 1
0 1 ? 0 0 1 1 ? 2 0 ? ? ? 0 ? 1 0 ? 1
1 1 0 ? ? 2 0 1 1 0 1 1 1 0 ? ? 1 1 ? ?
? ? ? ? ? ? 2 0 2 0

Placodus 0 2 1 1 1 0 1 1 0 0 2 0 0 1 0/1 1
0 1 0 0 1 0/2 0 0 1 1 1 0 2 0 0 1 0 0 1
1 1 1 0 1 0 0 1 0 0 1 1 1 1 0 1 1 0 0
0 0 1 0 2 1 0 0 1 1 1 0 1 0 1 0 0 0 0
0 0 0 1 0 1 1 1 0 0 1 1 1 0 1 0 0 0 1
0 1 1 0 0 1 1 1 1 0 ? 1 0 0 1 1 0 0 1
1 1 0 0 1 2 0 2 1 0 0 1 1 1 0 1 1 1 2
1 0 0 1 1 0 0 1 0 2 0

Paraplacodus 0 0 1 ? 1 0 2 ? 0 ? 2 0 ? 1 ? ?

? 1 0 0 0 ? ? ? 1 1 1 0 1 0 2 1 0 ? 1
1 1 0 0 ? 0 ? ? 0 ? ? ? 1 ? 0 1 ? ? 0 ?
? 1 1 2 1 1 0 1 1 1 0 1 0 1 1 0 0 0 ?
0 0 ? ? ? 1 1 0 0 1 ? 1 0 1 0 0 ? 1 0
1 1 0 0 ? 0 ? ? 1 ? ? 0 1 1 ? 0 0 1 0
1 0 ? 1 2 1 0/1 3 0 1 1 ? 1 0 1 1 1 1 ?
1 0 ? ? ? ? 0 1 1 ?

Palatodonta 0 ? 1 ? 1 0 ? 0 0 1 2 0 ? 0 ?
1 0 1 0 0 0 ? 0 0 1 1 1 0 ? 0 2 1 0 ?
1 1 1 1 0 ? 0 ? ? 0 ? ? ? ? ? ? 1 ? ? ?
? ? 1 ? ? 1 ? 0 0 0 1 0 1 0 1 ? ? ? ? ?
? ? ? ? ? ? ? ? ? ? ? ? ? ? ? ? ? ? ? ?
? ? ? ? ? ? ? ? ? ? ? ? ? ? ? ? ? ? ? ?
? ? ? ? ? ? ? ? ? ? ? ? ? ? ? ? ? ? ? ?
? ? ? ? 1 1 ?

Testudines 0 0/2 0 0 0 0 0 0 0 0 1 0 0 0/1 0 0 ?
? 0 0 0 0 0 3 1 1 0/1 0 0 0 0 1 0 0 0 0
1 1 0 0 0 0 0 0/2 0 0 0 0/1 0/1 0 0 0 1 1 0
1 0 0 0 0/1 0 ? 0 0 ? ? ? ? 0 0/1 0/2 0 0 0
0 0 1 0 0/1 0 0 0 0 1 0 0 0 0 0 0 0 0 ?
1 0 0 0 0 0 1 0 0 ? ? 0 0 1 0 0 0 0 0
0 0/1 0/2 1 0 0 0 1/2 0 0 1 0 0 0 0 1 1 0 1
0 0 0/1 1 1 1 3 0 3 0

Odontochelys 1 2 0 0 0 0 0 0 0 0 ? 0 ? ? ? ?
? ? ? ? ? ? 0 4 ? ? ? 0 0 ? ? ? 0 ? ? ?
? ? ? ? 0 ? ? 0 ? ? 0 0 ? 0 0 0 ? ? ? ?
? ? 0 0 ? ? 0 0 0 0 1 0 0 1 0 0 0 0 0
0 1 0 1 0 0 0 0 1 ? ? 0 0 0 0 0 ? ? ?
0 ? ? ? 0 ? ? 2 ? ? 0 1 1 0 0 0 0 0 0
0 ? ? 0 1 0 0 ? 0 0 ? 1 0 0 1 ? 0 1 0
0 0 ? 1 ? 3 0 ? ?

Hanosaurus 0 0 0 0 ? ? ? 1 0 0 2 0 0 0 1 1
0 ? 0 0 0 1 0 3 1 1 1 0 3 ? 2 0 0 0 ? ?

? ? 0 ? 0 0 ? 1 1 ? ? ? ? ? ? ? ? ? ? ?
? ? ? ? ? 0 0 ? ? ? 1 0 ? ? 0 1 0 ? ? ?
? ? ? 0 ? ? ? 1 ? ? 1 ? ? ? ? 0 1 1 1
0 0 ? ? ? ? ? ? ? 0 2 ? ? 0 0 ? ? ? ? ?
? ? ? ? ? 0 1 0 ? 1 1 2 1 1 1 1 1 0 1
1 0 0 0 ? ? 0

Qianxisaurus 1 1 0 0 1 0 2 0 0 0 2 0 0 0 0
1 0 1 0 0 0 0 0 0 1 1 1 0 3 0 2 1 0 0
0 1 1 1 0 ? 0 0 2 0 1 ? ? 1 ? ? ? ? ? ?
? ? 0 0 ? 1 0 0 ? 0 0 0 1 0 ? 1 0 1 0 ?
1 0 ? 0 1 0 0 0 ? 1 0 1 0 2 1 0 0 0 0
1 ? 1 1 1 1 ? ? 1 0 1 0 1 1 1 0 0 1 ?
1 1 3 0 1 0 2 3 0 1 1 ? 0 ? ? 1 1 2 1
1 0 1 1 0 0 0 0 ? 0

Bobosaurus ? ? 2 ? ? ? ? ? ? ? ? ? ? ? ? ? ?
? ? ? ? ? ? ? ? ? ? ? ? ? ? ? ? ? ? ? ?
? ? ? ? ? ? ? ? ? ? ? ? ? ? ? ? ? ? ? ?
? ? ? ? 0 0 ? ? ? ? ? ? 1 0 0 1 0 0 0
1 0 1 ? 0 ? 1 1 ? 1 0 ? 0 0 ? 0 0 ? ? ?
? ? ? ? ? ? ? ? ? ? ? ? 0 ? 1 1/2 ? 0 ?
1 ? ? ? ? 0 1 1 ? ? ? ? ? ? ? ? 0 0 ? ?
? ? 0 ? ? ?

Majiashanosaurus ? ? ? ? ? ? ? ? ? ? ? ? ? ? ?
? ? ? ? ? ? ? ? ? ? ? ? ? ? ? ? ? ? ? ?
? ? ? ? ? ? ? ? ? ? ? ? ? ? ? ? ? ? ? ?
? ? ? ? ? ? ? ? ? ? ? ? ? ? ? 0 0 0 ? ?
0 1 0 1 0 0 0 ? 1 ? 1 1 1 1 0 0 1 0 1
1 1 1 1 1 0 2 1 0 1 0 0 1 1 0 0 1 1 1
1 1 0 2 0 0 3 0 1 1 ? ? ? ? ? ? 1/2 ? ?
0 ? 1 0 0 0 ? ? ?

Wangosaurus 0 2 0 0 1 0 1 0 0 2 2 0 0 0 1 0
0 1 0 0 1 2 3 2 1 1 1 0 2 2 2 0 0 0 1
1 1 0 0 ? 0 1 2 0 1 1 ? ? ? ? ? ? ? ? ?
? 1 1 ? 1 0 0 0 ? 0 1 0 2 ? 1 ? ? ? 1 ?

1 ? ? 1 0 0 0 1 1 ? ? 0 2 0 0 0 ? ? 1 ?
? ? 1 ? ? ? ? ? ? ? ? ? ? 0 0 1 ? 1 1
1 0 ? ? 0 ? ? ? ? ? 1 ? ? 1 1 0 1 1 ?
1 1 0 0 0 0 3 0

附录Ⅲ 第一棵最简约树的性状变化列表

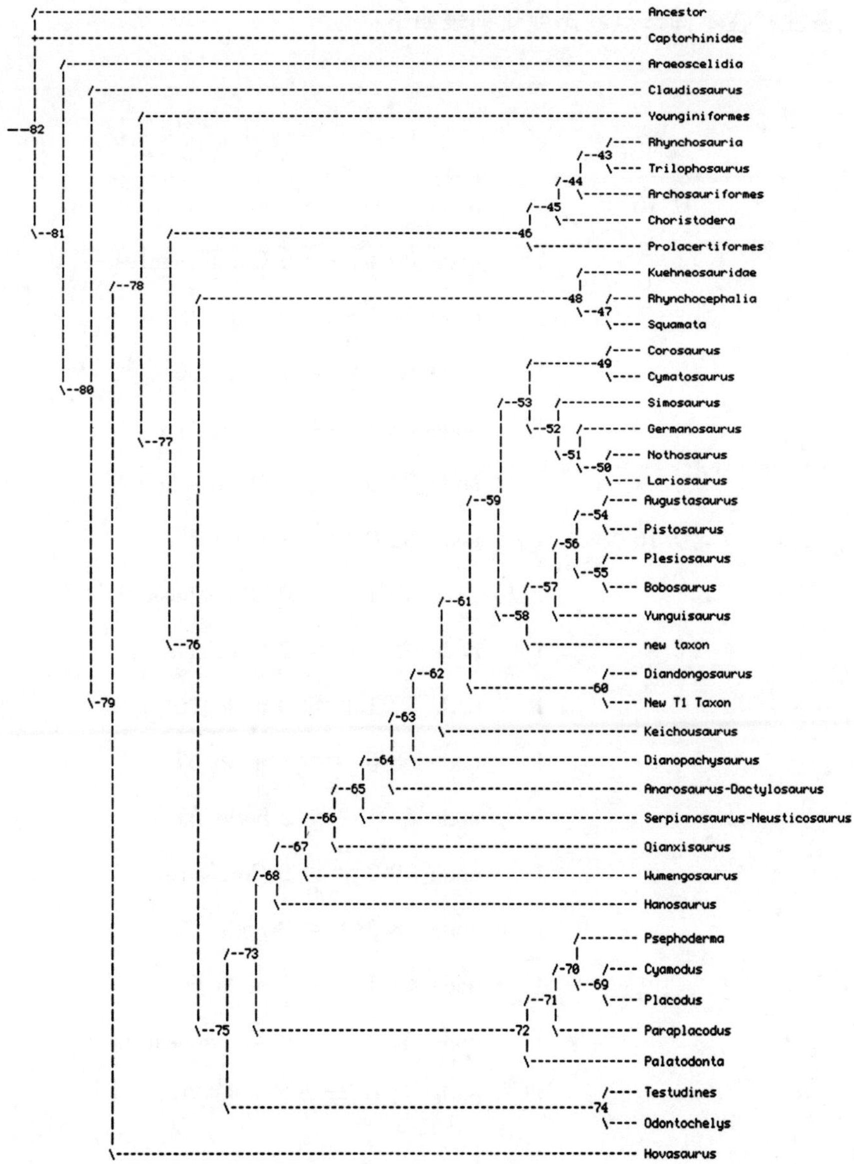

树长(Tree length) = 534
一致性指数(Consistency index) = 0. 352 1
非同源指数(Homoplasy index) = 0. 647 9
保留指数(Retention index) = 0. 681 1
重新调整的一致性指数(Rescaled consistency index) = 0. 239 8

各性状在不同节点状态变化列表如下:

性状	一致性指数	步	性状变化
1	0. 167	1	node_82 0 ⟶ 1 node_81
		1	node_80 1 ⟶ 0 Claudiosaurus
		1	node_76 1 ⟶ 0 node_75
		1	node_67 0 ⟹ 1 node_66
		1	node_62 1 ⟹ 0 node_61
		1	node_74 0 ⟶ 1 Odontochelys
2	0. 167	1	node_82 0 ⟹ 1 node_81
		1	node_43 1 ⟹ 0 Rhynchosauria
		1	node_45 1 ⟹ 2 Choristodera
		1	node_77 1 ⟹ 0 node_76
		1	node_68 0 ⟹ 1 node_67
		1	node_64 1 ⟶ 2 node_63
		1	node_49 2 ⟹ 0 Corosaurus
		1	node_58 2 ⟹ 0 node_57
		1	node_61 2 ⟶ 1 node_60
		1	node_62 2 ⟹ 0 Keichousaurus
		1	node_71 0 ⟹ 2 node_70

		1	node_75 0 $\longrightarrow$ 2 node_74
3	0. 250	1	node_62 0 $\Longrightarrow$ 1 node_61
		1	node_52 1 $\Longrightarrow$ 0 Simosaurus
		1	node_57 1 $\Longrightarrow$ 2 node_56
		1	node_55 2 $\Longrightarrow$ 0 Plesiosaurus
		1	node_58 1 $\Longrightarrow$ 0 Wangosaurus
		1	node_67 0 $\Longrightarrow$ 2 Wumengosaurus
		1	node_73 0 $\Longrightarrow$ 1 node_72
		1	node_70 1 $\Longrightarrow$ 2 Psephoderma
4	0. 250	1	node_49 0 $\Longrightarrow$ 1 Cymatosaurus
		1	node_52 0 $\Longrightarrow$ 1 node_51
		1	node_57 0 $\Longrightarrow$ 1 Yunguisaurus
		1	node_73 0 $\longrightarrow$ 1 node_72
5	0. 500	1	node_77 0 $\Longrightarrow$ 1 node_46
		1	node_75 0 $\Longrightarrow$ 1 node_73
6	1. 000	1	node_77 0 $\Longrightarrow$ 1 node_46
7	0. 250	1	node_75 0 $\longrightarrow$ 2 node_73
		1	node_66 2 $\longrightarrow$ 0 node_65
		1	node_62 0 $\Longrightarrow$ 1 node_61
		1	node_52 1 $\Longrightarrow$ 0 Simosaurus
		1	node_58 1 $\Longrightarrow$ 2 node_57
		1	node_56 2 $\longrightarrow$ 0 node_55
		1	node_67 2 $\Longrightarrow$ 1 Wumengosaurus
		1	node_70 2 $\Longrightarrow$ 1 node_69
8	0. 250	1	node_77 0 $\Longrightarrow$ 1 node_46

		1	node_44 1 $\Longrightarrow$ 0 node_43
		1	node_68 0 $\Longrightarrow$ 1 Hanosaurus
		1	node_69 0 $\Longrightarrow$ 1 Placodus
9	0. 333	1	node_49 0 $\Longrightarrow$ 2 Cymatosaurus
		1	node_52 0 $\Longrightarrow$ 1 Simosaurus
		1	node_58 0 $\longrightarrow$ 1 node_57
		1	node_57 1 $\longrightarrow$ 2 node_56
		1	node_62 0 $\Longrightarrow$ 1 Keichousaurus
		1	node_70 0 $\Longrightarrow$ 1 Psephoderma
10	0. 500	1	node_63 0 $\Longrightarrow$ 2 node_62
		1	node_49 2 $\Longrightarrow$ 0 Corosaurus
		1	node_70 0 $\Longrightarrow$ 2 Psephoderma
		1	node_72 0 $\Longrightarrow$ 1 Palatodonta
11	1. 000	1	node_81 0 $\Longrightarrow$ 1 node_80
		1	node_75 1 $\Longrightarrow$ 2 node_73
12	0. 500	1	node_52 0 $\Longrightarrow$ 1 node_51
		1	node_70 0 $\Longrightarrow$ 1 Psephoderma
13	1. 000	1	node_56 0 $\Longrightarrow$ 1 node_54
14	0. 250	1	node_43 0 $\Longrightarrow$ 1 Trilophosaurus
		1	node_61 0 $\longrightarrow$ 1 node_60
		1	node_69 0 $\Longrightarrow$ 1 Placodus
		1	node_71 0 $\Longrightarrow$ 1 Paraplacodus
15	0. 200	1	node_64 0 $\Longrightarrow$ 1 node_63
		1	node_53 1 $\Longrightarrow$ 0 node_49
		1	node_51 1 $\Longrightarrow$ 0 Germanosaurus

		1	node_57 1 $\Longrightarrow$ 0 node_56
		1	node_68 0 $\Longrightarrow$ 1 Hanosaurus
16	0. 143	1	node_82 0 $\Longrightarrow$ 1 node_81
		1	node_78 1 $\longrightarrow$ 0 node_77
		1	node_48 0 $\longrightarrow$ 1 Kuehneosauridae
		1	node_75 0 $\longrightarrow$ 1 node_73
		1	node_52 1 $\Longrightarrow$ 0 Simosaurus
		1	node_59 1 $\Longrightarrow$ 0 node_58
		1	node_56 0 $\Longrightarrow$ 1 node_54
17	0. 286	1	node_43 0 $\Longrightarrow$ 1 Trilophosaurus
		1	node_53 0 $\Longrightarrow$ 1 node_49
		1	node_51 0 $\Longrightarrow$ 1 Germanosaurus
		1	node_56 0 $\Longrightarrow$ 2 node_54
		1	node_57 0 $\Longrightarrow$ 1 Yunguisaurus
		1	node_61 0 $\longrightarrow$ 1 node_60
		1	node_63 0 $\Longrightarrow$ 1 Dianopachysaurus
18	1. 000	1	node_82 0 $\Longrightarrow$ 1 node_81
		1	node_51 1 $\longrightarrow$ 2 node_50
19	1. 000	1	node_53 0 $\longrightarrow$ 1 node_49
		1	node_52 0 $\Longrightarrow$ 2 node_51
20	0. 500	1	node_45 0 $\Longrightarrow$ 1 node_44
		1	node_47 0 $\Longrightarrow$ 1 Rhynchocephalia
21	0. 333	1	node_59 0 $\longrightarrow$ 1 node_58
		1	node_57 1 $\longrightarrow$ 0 Yunguisaurus
		1	node_70 0 $\Longrightarrow$ 1 node_69

22	0. 200	1	node_43 0 ⟹ 1 Rhynchosauria
		1	node_64 0 ⟹ 2 node_63
		1	node_49 2 ⟹ 0 Corosaurus
		1	node_51 2 ⟹ 1 Germanosaurus
		1	node_58 2 ⟶ 0 node_57
		1	node_54 0 ⟶ 1 Pistosaurus
		1	node_57 0 ⟶ 1 Yunguisaurus
		1	node_61 2 ⟶ 1 node_60
		1	node_68 0 ⟹ 1 Hanosaurus
		1	node_73 0 ⟶ 2 node_72
23	0. 500	1	node_44 0 ⟹ 3 node_43
		1	node_45 0 ⟹ 1 Choristodera
		1	node_62 0 ⟹ 1 node_61
		1	node_49 1 ⟹ {23} Cymatosaurus
		1	node_51 1 ⟹ 2 node_50
		1	node_59 1 ⟹ 3 node_58
24	0. 364	1	node_78 0 ⟹ 3 node_77
		1	node_76 3 ⟹ 2 node_48
		1	node_68 3 ⟹ 0 node_67
		1	node_53 0 ⟹ 1 node_52
		1	node_50 1 ⟹ 2 Nothosaurus
		1	node_59 0 ⟶ 2 node_58
		1	node_58 2 ⟶ 3 node_57
		1	node_62 0 ⟹ 3 Keichousaurus
		1	node_69 3 ⟹ 0 Placodus

		1	node_72 3 $\Longrightarrow$ 0 Palatodonta
		1	node_74 3 $\Longrightarrow$ 4 Odontochelys
25	0.500	1	node_81 0 $\longrightarrow$ 1 node_80
		1	node_78 1 $\longrightarrow$ 0 Younginiformes
26	0.333	1	node_82 0 $\longrightarrow$ 1 Captorhinidae
		1	node_81 0 $\longrightarrow$ 1 node_80
		1	node_78 1 $\longrightarrow$ 0 Younginiformes
27	0.333	1	node_80 0 $\Longrightarrow$ 1 Claudiosaurus
		1	node_78 0 $\Longrightarrow$ 1 node_77
		1	node_62 1 $\Longrightarrow$ 0 Keichousaurus
28	1.000	1	node_52 0 $\Longrightarrow$ 1 node_51
29	0.333	1	node_82 0 $\Longrightarrow$ 3 node_81
		1	node_78 3 $\longrightarrow$ 1 node_77
		1	node_44 1 $\longrightarrow$ 3 Archosauriformes
		1	node_46 1 $\longrightarrow$ 3 Prolacertiformes
		1	node_73 1 $\longrightarrow$ 3 node_68
		1	node_61 3 $\Longrightarrow$ 2 node_59
		1	node_49 2 $\Longrightarrow$ 1 Corosaurus
		1	node_71 1 $\longrightarrow$ 2 node_70
		1	node_75 1 $\Longrightarrow$ 0 node_74
30	0.500	1	node_49 0 $\Longrightarrow$ 1 Cymatosaurus
		1	node_59 0 $\Longrightarrow$ 2 node_58
		1	node_61 0 $\longrightarrow$ 1 node_60
		1	node_67 0 $\Longrightarrow$ 1 Wumengosaurus
31	0.333	1	node_81 0 $\Longrightarrow$ 2 node_80

		1	node_78 2 $\Longrightarrow$ 1 Younginiformes
		1	node_46 2 $\Longrightarrow$ 1 node_45
		1	node_43 1 $\Longrightarrow$ 0 Trilophosaurus
		1	node_71 2 $\Longrightarrow$ 0 node_70
		1	node_75 2 $\longrightarrow$ 0 node_74
32	0.200	1	node_78 0 $\Longrightarrow$ 1 node_77
		1	node_47 1 $\Longrightarrow$ 0 Rhynchocephalia
		1	node_73 1 $\longrightarrow$ 0 node_68
		1	node_62 0 $\Longrightarrow$ 1 Keichousaurus
		1	node_66 0 $\longrightarrow$ 1 Qianxisaurus
33	1.000	1	node_58 0 $\longrightarrow$ 1 node_57
34	1.000	1	node_53 0 $\Longrightarrow$ 1 node_49
35	0.143	1	node_76 0 $\longrightarrow$ 1 node_48
		1	node_47 1 $\longrightarrow$ 0 Rhynchocephalia
		1	node_61 0 $\longrightarrow$ 1 node_59
		1	node_53 1 $\longrightarrow$ 0 node_52
		1	node_73 0 $\longrightarrow$ 1 node_72
		1	node_71 1 $\longrightarrow$ 0 node_70
		1	node_69 0 $\longrightarrow$ 1 Placodus
36	0.167	1	node_81 0 $\longrightarrow$ 1 node_80
		1	node_78 1 $\longrightarrow$ 0 Younginiformes
		1	node_46 1 $\longrightarrow$ 0 node_45
		1	node_71 1 $\longrightarrow$ 0 node_70
		1	node_69 0 $\longrightarrow$ 1 Placodus
		1	node_75 1 $\longrightarrow$ 0 node_74

37	0. 500	1	node_80 0 ⟹ 1 node_79
		1	node_69 1 ⟹ 0 Cyamodus
38	0. 250	1	node_79 0 ⟹ 1 node_78
		1	node_64 1 ⟹ 0 node_63
		1	node_61 0 ⟶ 1 node_60
		1	node_71 1 ⟹ 0 Paraplacodus
39	1. 000	1	node_76 0 ⟹ 1 node_48
40	0. 167	1	node_82 0 ⟶ 1 node_81
		1	node_43 1 ⟶ 0 Trilophosaurus
		1	node_53 1 ⟹ 0 node_52
		1	node_54 1 ⟹ 0 Augustasaurus
		1	node_69 1 ⟶ 0 Cyamodus
		1	node_75 1 ⟶ 0 node_74
41	1. 000	1	node_58 0 ⟹ 1 node_57
42	0. 333	1	node_45 0 ⟹ 1 Choristodera
		1	node_76 0 ⟶ 1 node_48
		1	node_62 0 ⟶ 1 node_61
		1	node_53 1 ⟶ 0 node_52
		1	node_51 0 ⟶ 1 node_50
		1	node_58 1 ⟶ 2 node_57
43	0. 400	1	node_77 0 ⟹ 1 node_46
		1	node_75 0 ⟶ 1 node_73
		1	node_73 1 ⟶ 2 node_68
		1	node_53 2 ⟹ 1 node_49
		1	node_58 2 ⟶ 1 node_57

44	0. 250	1	node_43 0 ⟹ 2 Trilophosaurus
		1	node_45 0 ⟹ 1 Choristodera
		1	node_62 0 ⟶ 1 node_61
		1	node_52 1 ⟶ 0 node_51
		1	node_58 1 ⟶ 0 Wangosaurus
		1	node_68 0 ⟹ 1 Hanosaurus
		1	node_69 0 ⟹ 1 Cyamodus
		1	node_79 0 ⟹ 2 Hovasaurus
45	0. 500	1	node_73 0 ⟹ 1 node_68
		1	node_59 1 ⟶ 0 node_53
		1	node_52 0 ⟶ 1 node_51
		1	node_58 1 ⟶ 2 node_57
46	0. 333	1	node_82 0 ⟶ 1 node_81
		1	node_44 1 ⟶ 0 node_43
		1	node_75 1 ⟶ 0 node_74
47	0. 667	1	node_73 0 ⟶ 2 node_68
		1	node_57 2 ⟹ 1 node_56
		1	node_69 0 ⟹ 1 Placodus
48	1. 000	1	node_75 0 ⟹ 1 node_73
49	0. 200	1	node_46 0 ⟶ 1 node_45
		1	node_43 1 ⟶ 0 Trilophosaurus
		1	node_62 0 ⟶ 1 node_61
		1	node_52 1 ⟹ 0 Simosaurus
		1	node_70 0 ⟹ 1 node_69
50	0. 500	1	node_59 0 ⟶ 1 node_58

		1	node_54 1 ⟹ 0 Pistosaurus
51	1. 000	1	node_73 0 ⟹ 1 node_72
52	0. 286	1	node_80 0 ⟹ 2 Claudiosaurus
		1	node_75 0 ⟶ 1 node_73
		1	node_73 1 ⟶ 2 node_68
		1	node_53 2 ⟹ 0 node_49
		1	node_50 2 ⟹ 1 Lariosaurus
		1	node_56 2 ⟹ 0 node_54
		1	node_57 2 ⟹ 1 Yunguisaurus
53	0. 250	1	node_82 0 ⟹ 1 Captorhinidae
		1	node_76 0 ⟹ 1 node_75
		1	node_64 1 ⟶ 0 node_63
		1	node_69 1 ⟹ 0 Placodus
54	0. 500	1	node_82 0 ⟹ 1 node_81
		1	node_75 1 ⟹ 0 node_73
55	1. 000	1	node_59 0 ⟹ 1 node_53
56	0. 250	1	node_82 0 ⟹ 1 node_81
		1	node_44 1 ⟶ 0 node_43
		1	node_75 1 ⟹ 0 node_73
		1	node_59 0 ⟹ 1 node_53
57	0. 125	1	node_78 0 ⟹ 1 Younginiformes
		1	node_45 0 ⟶ 1 node_44
		1	node_48 0 ⟹ 1 node_47
		1	node_49 0 ⟹ 1 Corosaurus
		1	node_59 0 ⟶ 1 node_58

		1	node_57 1 $\longrightarrow$ 0 node_56
		1	node_62 0 $\Longrightarrow$ 1 Keichousaurus
		1	node_73 0 $\Longrightarrow$ 1 node_72
58	0. 333	1	node_61 0 $\Longrightarrow$ 1 node_59
		1	node_57 1 $\Longrightarrow$ 0 Yunguisaurus
		1	node_71 0 $\Longrightarrow$ 1 Paraplacodus
59	0. 400	1	node_62 0 $\longrightarrow$ 2 node_61
		1	node_49 2 $\Longrightarrow$ 1 Corosaurus
		1	node_52 2 $\Longrightarrow$ 0 Simosaurus
		1	node_56 2 $\longrightarrow$ 0 node_55
		1	node_73 0 $\longrightarrow$ 2 node_72
60	0. 500	1	node_80 0 $\Longrightarrow$ 1 node_79
		1	node_75 1 $\longrightarrow$ 0 node_74
61	0. 333	1	node_66 0 $\Longrightarrow$ 1 node_65
		1	node_61 1 $\Longrightarrow$ 0 node_59
		1	node_71 0 $\Longrightarrow$ 1 Paraplacodus
62	1. 000	1	node_48 0 $\Longrightarrow$ 1 node_47
63	1. 000	1	node_72 0 $\Longrightarrow$ 1 node_71
64	1. 000	1	node_72 0 $\Longrightarrow$ 1 node_71
65	0. 167	1	node_63 0 $\longrightarrow$ 1 node_62
		1	node_59 1 $\longrightarrow$ 0 node_58
		1	node_54 0 $\longrightarrow$ 1 Pistosaurus
		1	node_57 0 $\longrightarrow$ 1 Yunguisaurus
		1	node_73 0 $\Longrightarrow$ 1 node_72
		1	node_69 1 $\Longrightarrow$ 0 Cyamodus

66	0. 333	1	node_62 0 $\Longrightarrow$ 1 node_61
		1	node_52 1 $\Longrightarrow$ 0 Simosaurus
		1	node_56 1 $\longrightarrow$ 0 node_55
67	0. 200	1	node_81 0 $\Longrightarrow$ 1 node_80
		1	node_64 1 $\Longrightarrow$ 0 node_63
		1	node_53 0 $\longrightarrow$ 1 node_52
		1	node_51 1 $\longrightarrow$ 0 node_50
		1	node_56 0 $\longrightarrow$ 1 node_55
68	0. 400	1	node_62 0 $\Longrightarrow$ 2 node_61
		1	node_53 2 $\Longrightarrow$ 1 node_49
		1	node_51 2 $\Longrightarrow$ 1 Germanosaurus
		1	node_58 2 $\Longrightarrow$ 1 node_57
		1	node_54 1 $\Longrightarrow$ 2 Augustasaurus
69	0. 333	1	node_78 0 $\longrightarrow$ 1 node_77
		1	node_45 1 $\longrightarrow$ 0 Choristodera
		1	node_75 1 $\longrightarrow$ 0 node_74
70	0. 500	1	node_78 0 $\Longrightarrow$ 1 node_77
		1	node_71 1 $\longrightarrow$ 0 node_70
71	0. 200	1	node_46 0 $\longrightarrow$ 1 node_45
		1	node_43 1 $\longrightarrow$ 0 Rhynchosauria
		1	node_61 0 $\Longrightarrow$ 1 node_59
		1	node_49 1 $\Longrightarrow$ 0 Corosaurus
		1	node_55 1 $\Longrightarrow$ 0 Bobosaurus
72	0. 333	1	node_73 0 $\Longrightarrow$ 1 node_68
		1	node_62 1 $\Longrightarrow$ 0 node_61

		1	node_52 0 ⟶ 1 node_51
73	1. 000	1	node_57 0 ⟹ 1 node_56
74	0. 333	1	node_48 0 ⟶ 1 node_47
		1	node_73 0 ⟶ 1 node_68
		1	node_56 1 ⟹ 0 node_55
75	0. 333	1	node_67 0 ⟹ 1 node_66
		1	node_62 1 ⟹ 0 node_61
		1	node_52 0 ⟶ 1 node_51
76	0. 333	1	node_59 0 ⟹ 1 node_58
		1	node_54 1 ⟹ 0 Pistosaurus
		1	node_55 1 ⟹ 0 Bobosaurus
77	1. 000	1	node_82 0 ⟹ 1 node_81
78	1. 000	1	node_56 0 ⟹ 1 node_54
79	0. 500	1	node_77 0 ⟶ 1 node_76
		1	node_48 1 ⟶ 0 node_47
80	0. 333	1	node_58 0 ⟹ 1 node_57
		1	node_54 1 ⟹ 0 Pistosaurus
		1	node_73 0 ⟶ 1 node_72
81	0. 333	1	node_44 0 ⟹ 1 Archosauriformes
		1	node_48 0 ⟹ 1 Kuehneosauridae
		1	node_73 0 ⟶ 1 node_72
82	0. 500	1	node_53 0 ⟹ 1 node_49
		1	node_58 0 ⟶ 1 node_57
83	0. 500	1	node_45 0 ⟹ 1 Choristodera
		1	node_73 0 ⟶ 1 node_68

84	0. 500	1	node_78 0 ⟶ 1 node_77
		1	node_45 1 ⟶ 0 node_44
85	0. 250	1	node_48 0 ⟹ 1 Kuehneosauridae
		1	node_59 0 ⟶ 1 node_53
		1	node_52 1 ⟶ 0 node_51
		1	node_69 0 ⟹ 1 Placodus
86	0. 250	1	node_80 0 ⟹ 1 Claudiosaurus
		1	node_77 0 ⟹ 1 node_46
		1	node_43 1 ⟹ 0 Rhynchosauria
		1	node_75 0 ⟹ 1 node_73
87	0. 200	1	node_73 0 ⟹ 1 node_68
		1	node_62 1 ⟶ 0 node_61
		1	node_60 0 ⟶ 1 Majiashanosaurus
		1	node_64 1 ⟹ 0 Anarosaurus – Dact
		1	node_66 1 ⟹ 0 Qianxisaurus
88	0. 400	1	node_45 0 ⟹ 1 Choristodera
		1	node_75 0 ⟹ 1 node_73
		1	node_50 1 ⟹ 2 Lariosaurus
		1	node_58 1 ⟹ 2 Wangosaurus
		1	node_66 1 ⟹ 2 Qianxisaurus
89	0. 333	1	node_73 0 ⟶ 1 node_68
		1	node_61 1 ⟹ 0 node_59
		1	node_52 0 ⟶ 1 node_51
90	0. 250	1	node_80 0 ⟹ 1 Claudiosaurus
		1	node_46 0 ⟹ 1 Prolacertiformes

		1	node_76 0 ⟹ 1 node_48
		1	node_49 0 ⟹ 1 Corosaurus
91	0. 500	1	node_82 0 ⟹ 1 node_81
		1	node_76 1 ⟹ 0 node_75
92	0. 500	1	node_60 0 ⟹ 1 Majiashanosaurus
		1	node_73 0 ⟶ 1 node_72
93	0. 250	1	node_59 0 ⟶ 1 node_53
		1	node_49 1 ⟶ 0 Cymatosaurus
		1	node_50 1 ⟶ 0 Lariosaurus
		1	node_68 0 ⟹ 1 Hanosaurus
94	0. 500	1	node_81 0 ⟶ 1 node_80
		1	node_79 1 ⟶ 0 Hovasaurus
95	0. 200	1	node_81 0 ⟹ 1 node_80
		1	node_68 1 ⟶ 0 node_67
		1	node_53 0 ⟶ 1 node_49
		1	node_61 0 ⟹ 1 node_60
		1	node_75 1 ⟹ 0 node_74
96	0. 500	1	node_68 0 ⟶ 1 node_67
		1	node_53 1 ⟶ 0 node_49
97	0. 333	1	node_68 0 ⟹ 1 node_67
		1	node_59 1 ⟶ 0 node_58
		1	node_65 1 ⟹ 0 Serpianosaurus – N
98	1. 000	1	node_75 0 ⟹ 1 node_73
99	0. 333	1	node_45 0 ⟹ 1 Choristodera
		1	node_75 0 ⟶ 1 node_73

		1	node_71 1 ⟶ 0 Paraplacodus
100	0. 333	1	node_82 0 ⟹ 1 node_81
		1	node_46 1 ⟹ 0 Prolacertiformes
		1	node_61 1 ⟹ 0 node_60
101	0. 500	1	node_75 0 ⟹ 2 node_73
		1	node_61 2 ⟶ 1 node_59
		1	node_52 1 ⟶ 2 node_51
		1	node_69 2 ⟹ 1 Placodus
102	0. 500	1	node_48 0 ⟹ 1 Kuehneosauridae
		1	node_75 0 ⟶ 1 node_73
		1	node_71 1 ⟶ 0 node_70
		1	node_74 0 ⟹ 2 Odontochelys
103	0. 333	1	node_53 0 ⟶ 1 node_49
		1	node_54 0 ⟹ 1 Pistosaurus
		1	node_57 0 ⟹ 1 Yunguisaurus
104	1. 000	1	node_81 0 ⟹ 1 node_80
105	0. 500	1	node_82 0 ⟶ 1 Captorhinidae
		1	node_81 0 ⟶ 1 Araeoscelidia
106	0. 444	1	node_76 0 ⟶ 1 node_75
		1	node_73 1 ⟶ 2 node_68
		1	node_53 2 ⟶ 1 node_49
		1	node_59 2 ⟶ 3 node_58
		1	node_56 3 ⟶ 4 node_55
		1	node_60 2 ⟹ 0 Majiashanosaurus
		1	node_66 2 ⟶ 1 Qianxisaurus

		1	node_70 1 ⟶ 0 node_69
		1	node_74 1 ⟶ 0 Testudines
107	1.000	1	node_76 0 ⟹ 1 node_75
108	1.000	1	node_75 0 ⟹ 1 node_73
109	0.333	1	node_82 0 ⟶ 1 node_81
		1	node_80 1 ⟶ 0 Claudiosaurus
		1	node_76 1 ⟹ 0 node_75
110	0.333	1	node_82 0 ⟹ 1 node_81
		1	node_76 1 ⟹ 0 node_75
		1	node_58 0 ⟹ 1 node_57
111	0.500	1	node_75 0 ⟹ 1 node_73
		1	node_49 1 ⟹ 0 Cymatosaurus
112	0.286	1	node_80 0 ⟹ 1 Claudiosaurus
		1	node_64 0 ⟹ 1 node_63
		1	node_49 1 ⟹ 0 Cymatosaurus
		1	node_52 1 ⟹ 0 Simosaurus
		1	node_56 1 ⟶ 2 node_54
		1	node_67 0 ⟹ 1 Wumengosaurus
		1	node_70 0 ⟹ 1 node_69
113	0.333	1	node_80 0 ⟹ 1 Claudiosaurus
		1	node_75 0 ⟹ 1 node_73
		1	node_49 1 ⟹ 0 Cymatosaurus
114	0.200	1	node_80 0 ⟹ 1 Claudiosaurus
		1	node_73 0 ⟶ 1 node_68
		1	node_49 1 ⟹ 0 Cymatosaurus

		1	node_56 1 $\Longrightarrow$ 0 node_55
		1	node_64 1 $\Longrightarrow$ 0 Anarosaurus - Dact
115	0. 375	1	node_80 0 $\Longrightarrow$ 1 Claudiosaurus
		1	node_76 0 $\Longrightarrow$ 2 node_48
		1	node_64 0 $\Longrightarrow$ 1 node_63
		1	node_53 1 $\Longrightarrow$ 0 node_49
		1	node_58 1 $\Longrightarrow$ 3 node_57
		1	node_66 0 $\Longrightarrow$ 3 Qianxisaurus
		1	node_70 0 $\Longrightarrow$ 2 Psephoderma
		1	node_79 0 $\Longrightarrow$ 2 Hovasaurus
116	0. 143	1	node_78 0 $\Longrightarrow$ 1 node_77
		1	node_47 1 $\Longrightarrow$ 0 Rhynchocephalia
		1	node_73 1 $\longrightarrow$ 0 node_68
		1	node_52 0 $\Longrightarrow$ 1 Simosaurus
		1	node_58 0 $\Longrightarrow$ 1 node_57
		1	node_60 0 $\Longrightarrow$ 1 Diandongosaurus
		1	node_62 0 $\Longrightarrow$ 1 Keichousaurus
117	0. 222	1	node_80 0 $\Longrightarrow$ 2 node_79
		1	node_45 2 $\Longrightarrow$ 0 node_44
		1	node_48 2 $\Longrightarrow$ 0 node_47
		1	node_73 2 $\longrightarrow$ 1 node_68
		1	node_64 1 $\longrightarrow$ 2 node_63
		1	node_60 2 $\longrightarrow$ 1 Diandongosaurus
		1	node_62 2 $\longrightarrow$ 1 Keichousaurus
		1	node_70 2 $\Longrightarrow$ 0 Psephoderma

		1	node_75 2 ⟹ 0 node_74
118	0. 333	1	node_59 0 ⟶ 1 node_58
		1	node_71 0 ⟹ 1 Paraplacodus
		1	node_74 0 ⟹ 1 Odontochelys
119	0. 286	1	node_75 0 ⟹ 1 node_73
		1	node_64 1 ⟹ 0 node_63
		1	node_59 0 ⟹ 1 node_53
		1	node_56 0 ⟹ 1 node_54
		1	node_60 0 ⟹ 2 Diandongosaurus
		1	node_66 1 ⟹ 2 Qianxisaurus
		1	node_69 1 ⟹ 2 Placodus
120	0. 400	1	node_75 0 ⟶ 3 node_73
		1	node_64 3 ⟹ 2 node_63
		1	node_53 2 ⟶ 1 node_49
		1	node_50 2 ⟹ 3 Lariosaurus
		1	node_59 2 ⟶ 4 node_58
		1	node_56 4 ⟶ 0 node_54
		1	node_61 2 ⟶ 3 node_60
		1	node_67 3 ⟶ 0 Wumengosaurus
		1	node_71 3 ⟶ 1 node_70
		1	node_74 0 ⟹ {12} Testudines
121	1. 000	1	node_53 0 ⟹ 1 node_52
122	0. 167	1	node_75 0 ⟹ 1 node_73
		1	node_53 1 ⟶ 0 node_52
		1	node_50 0 ⟶ 1 Lariosaurus

		1	node_62 1 $\Longrightarrow$ 0 Keichousaurus
		1	node_64 1 $\Longrightarrow$ 0 Anarosaurus – Dact
		1	node_69 1 $\Longrightarrow$ 0 Placodus
123	0. 333	1	node_77 0 $\Longrightarrow$ 1 node_76
		1	node_68 1 $\Longrightarrow$ 0 Hanosaurus
		1	node_74 1 $\Longrightarrow$ 0 Odontochelys
124	0. 500	1	node_81 0 $\Longrightarrow$ 1 node_80
		1	node_75 1 $\longrightarrow$ 0 node_74
125	0. 167	1	node_81 0 $\Longrightarrow$ 1 node_80
		1	node_58 1 $\longrightarrow$ 0 node_57
		1	node_56 0 $\longrightarrow$ 1 node_54
		1	node_66 1 $\Longrightarrow$ 0 Qianxisaurus
		1	node_69 1 $\Longrightarrow$ 0 Cyamodus
		1	node_74 1 $\Longrightarrow$ 0 Testudines
126	0. 500	1	node_73 0 $\Longrightarrow$ 1 node_68
		1	node_53 1 $\Longrightarrow$ 0 node_49
127	0. 400	1	node_81 0 $\Longrightarrow$ 1 node_80
		1	node_73 1 $\Longrightarrow$ 2 node_68
		1	node_53 2 $\Longrightarrow$ 1 node_49
		1	node_61 2 $\longrightarrow$ 1 node_60
		1	node_75 1 $\Longrightarrow$ 0 node_74
128	0. 333	1	node_80 0 $\Longrightarrow$ 1 Claudiosaurus
		1	node_45 0 $\Longrightarrow$ 1 Choristodera
		1	node_76 0 $\Longrightarrow$ 1 node_75
129	1. 000	1	node_81 0 $\Longrightarrow$ 1 node_80

130	0. 286	1	node_75 0 $\Longrightarrow$ 1 node_73
		1	node_68 1 $\Longrightarrow$ 2 node_67
		1	node_63 2 $\longrightarrow$ 1 node_62
		1	node_50 1 $\Longrightarrow$ 0 Lariosaurus
		1	node_59 1 $\longrightarrow$ 0 node_58
		1	node_61 1 $\longrightarrow$ 2 node_60
		1	node_70 1 $\longrightarrow$ 2 node_69
131	0. 500	1	node_43 0 $\Longrightarrow$ 1 Rhynchosauria
		1	node_77 0 $\Longrightarrow$ 1 node_76
132	0. 167	1	node_75 0 $\Longrightarrow$ 1 node_73
		1	node_65 1 $\Longrightarrow$ 0 node_64
		1	node_53 0 $\Longrightarrow$ 1 node_52
		1	node_58 0 $\Longrightarrow$ 1 Wangosaurus
		1	node_70 1 $\longrightarrow$ 0 node_69
		1	node_79 0 $\Longrightarrow$ 1 Hovasaurus
133	1. 000	1	node_77 0 $\longrightarrow$ 1 node_46
134	0. 333	1	node_77 0 $\longrightarrow$ 1 node_76
		1	node_57 1 $\Longrightarrow$ 0 Yunguisaurus
		1	node_75 1 $\longrightarrow$ 0 node_74
135	0. 500	1	node_78 0 $\Longrightarrow$ 1 node_77
		1	node_58 1 $\longrightarrow$ 0 node_57
136	0. 500	1	node_80 0 $\Longrightarrow$ 1 node_79
		1	node_75 1 $\Longrightarrow$ 0 node_73
137	0. 500	1	node_78 0 $\Longrightarrow$ 1 node_77
		1	node_75 1 $\Longrightarrow$ 0 node_73

138	0.600	1	node_44 0 ⟹ 1 Archosauriformes
		1	node_47 0 ⟹ 1 Squamata
		1	node_71 0 ⟹ 2 node_70
		1	node_69 2 ⟹ 1 Placodus
		1	node_75 0 ⟹ 3 node_74
139	0.167	1	node_80 0 ⟹ 1 Claudiosaurus
		1	node_75 0 ⟹ 1 node_73
		1	node_63 1 ⟶ 0 node_62
		1	node_61 0 ⟶ 1 node_60
		1	node_66 1 ⟹ 0 Qianxisaurus
		1	node_71 1 ⟹ 0 node_70
140	0.600	1	node_78 0 ⟹ 3 node_77
		1	node_76 3 ⟹ 1 node_48
		1	node_49 3 ⟹ 0 Corosaurus
		1	node_73 3 ⟹ 1 node_72
		1	node_71 1 ⟹ 2 node_70
141	1.000	1	node_52 0 ⟶ 1 node_51

各节点性状的不同状态的变化列表：

节点变化	性状	步长	一致性指数	性状变化
node_82 ⟶ Captorhinidae	26	1	0.333	0 ⟶ 1
	53	1	0.250	0 ⟹ 1
	105	1	0.500	0 ⟶ 1
node_82 ⟶ node_81	1	1	0.167	0 ⟶ 1

	2	1	0. 167	0 ⟹ 1
	16	1	0. 143	0 ⟹ 1
	18	1	1. 000	0 ⟹ 1
	29	1	0. 333	0 ⟹ 3
	40	1	0. 167	0 ⟶ 1
	46	1	0. 333	0 ⟶ 1
	54	1	0. 500	0 ⟹ 1
	56	1	0. 250	0 ⟹ 1
	77	1	1. 000	0 ⟹ 1
	91	1	0. 500	0 ⟹ 1
	100	1	0. 333	0 ⟹ 1
	109	1	0. 333	0 ⟶ 1
	110	1	0. 333	0 ⟹ 1
node_81 ⟶ Araeoscelidia	105	1	0. 500	0 ⟶ 1
node_81 ⟶ node_80	11	1	1. 000	0 ⟹ 1
	25	1	0. 500	0 ⟶ 1
	26	1	0. 333	0 ⟶ 1
	31	1	0. 333	0 ⟹ 2
	36	1	0. 167	0 ⟶ 1
	67	1	0. 200	0 ⟹ 1
	94	1	0. 500	0 ⟶ 1
	95	1	0. 200	0 ⟹ 1
	104	1	1. 000	0 ⟹ 1
	124	1	0. 500	0 ⟹ 1
	125	1	0. 167	0 ⟹ 1

	127	1	0. 400	0 ⟹ 1
	129	1	1. 000	0 ⟹ 1
node_80 ⟶ Claudiosaurus	1	1	0. 167	1 ⟶ 0
	27	1	0. 333	0 ⟹ 1
	52	1	0. 286	0 ⟹ 2
	86	1	0. 250	0 ⟹ 1
	90	1	0. 250	0 ⟹ 1
	109	1	0. 333	1 ⟶ 0
	112	1	0. 286	0 ⟹ 1
	113	1	0. 333	0 ⟹ 1
	114	1	0. 200	0 ⟹ 1
	115	1	0. 375	0 ⟹ 1
	128	1	0. 333	0 ⟹ 1
	139	1	0. 167	0 ⟹ 1
node_80 ⟶ node_79	37	1	0. 500	0 ⟹ 1
	60	1	0. 500	0 ⟹ 1
	117	1	0. 222	0 ⟹ 2
	136	1	0. 500	0 ⟹ 1
node_79 ⟶ node_78	38	1	0. 250	0 ⟹ 1
node_78 ⟶ Younginiformes	25	1	0. 500	1 ⟶ 0
	26	1	0. 333	1 ⟶ 0
	31	1	0. 333	2 ⟹ 1
	36	1	0. 167	1 ⟶ 0
	57	1	0. 125	0 ⟹ 1
node_78 ⟶ node_77	16	1	0. 143	1 ⟶ 0

	24	1	0. 364	0 ⟹ 3
	27	1	0. 333	0 ⟹ 1
	29	1	0. 333	3 ⟶ 1
	32	1	0. 200	0 ⟹ 1
	69	1	0. 333	0 ⟶ 1
	70	1	0. 500	0 ⟹ 1
	84	1	0. 500	0 ⟶ 1
	116	1	0. 143	0 ⟹ 1
	135	1	0. 500	0 ⟹ 1
	137	1	0. 500	0 ⟹ 1
	140	1	0. 600	0 ⟹ 3
node_77 ⟶ node_46	5	1	0. 500	0 ⟹ 1
	6	1	1. 000	0 ⟹ 1
	8	1	0. 250	0 ⟹ 1
	43	1	0. 400	0 ⟹ 1
	86	1	0. 250	0 ⟹ 1
	133	1	1. 000	0 ⟶ 1
node_46 ⟶ node_45	31	1	0. 333	2 ⟹ 1
	36	1	0. 167	1 ⟶ 0
	49	1	0. 200	0 ⟶ 1
	71	1	0. 200	0 ⟶ 1
node_45 ⟶ node_44	20	1	0. 500	0 ⟹ 1
	57	1	0. 125	0 ⟶ 1
	84	1	0. 500	1 ⟶ 0
	117	1	0. 222	2 ⟹ 0

node_44 ⟶ node_43	8	1	0. 250	1 ⟹ 0
	23	1	0. 500	0 ⟹ 3
	46	1	0. 333	1 ⟶ 0
	56	1	0. 250	1 ⟶ 0
node_43 ⟶ Rhynchosauria	2	1	0. 167	1 ⟹ 0
	22	1	0. 200	0 ⟹ 1
	71	1	0. 200	1 ⟶ 0
	86	1	0. 250	1 ⟹ 0
	131	1	0. 500	0 ⟹ 1
node_43 ⟶ Trilophosaurus	14	1	0. 250	0 ⟹ 1
	17	1	0. 286	0 ⟹ 1
	31	1	0. 333	1 ⟹ 0
	40	1	0. 167	1 ⟶ 0
	44	1	0. 250	0 ⟹ 2
	49	1	0. 200	1 ⟶ 0
node_44 ⟶ Archosauriformes	29	1	0. 333	1 ⟶ 3
	81	1	0. 333	0 ⟹ 1
	138	1	0. 600	0 ⟹ 1
node_45 ⟶ Choristodera	2	1	0. 167	1 ⟹ 2
	23	1	0. 500	0 ⟹ 1
	42	1	0. 333	0 ⟹ 1
	44	1	0. 250	0 ⟹ 1
	69	1	0. 333	1 ⟶ 0
	83	1	0. 500	0 ⟹ 1
	88	1	0. 400	0 ⟹ 1

	99	1	0. 333	0 ⟹ 1
	128	1	0. 333	0 ⟹ 1
node_46 ⟶ Prolacertiformes	29	1	0. 333	1 ⟶ 3
	90	1	0. 250	0 ⟹ 1
	100	1	0. 333	1 ⟹ 0
node_77 ⟶ node_76	2	1	0. 167	1 ⟹ 0
	79	1	0. 500	0 ⟶ 1
	123	1	0. 333	0 ⟹ 1
	131	1	0. 500	0 ⟹ 1
	134	1	0. 333	0 ⟶ 1
node_76 ⟶ node_48	24	1	0. 364	3 ⟹ 2
	35	1	0. 143	0 ⟶ 1
	39	1	1. 000	0 ⟹ 1
	42	1	0. 333	0 ⟶ 1
	90	1	0. 250	0 ⟹ 1
	115	1	0. 375	0 ⟹ 2
	140	1	0. 600	3 ⟹ 1
node_48 ⟶ Kuehneosauridae	16	1	0. 143	0 ⟶ 1
	81	1	0. 333	0 ⟹ 1
	85	1	0. 250	0 ⟹ 1
	102	1	0. 500	0 ⟹ 1
node_48 ⟶ node_47	57	1	0. 125	0 ⟹ 1
	62	1	1. 000	0 ⟹ 1
	74	1	0. 333	0 ⟶ 1
	79	1	0. 500	1 ⟶ 0

	117	1	0. 222	2 ⟹ 0
node_47 ⟶ Rhynchocephalia	20	1	0. 500	0 ⟹ 1
	32	1	0. 200	1 ⟹ 0
	35	1	0. 143	1 ⟶ 0
	116	1	0. 143	1 ⟹ 0
node_47 ⟶ Squamata	138	1	0. 600	0 ⟹ 1
node_76 ⟶ node_75	1	1	0. 167	1 ⟶ 0
	53	1	0. 250	0 ⟹ 1
	91	1	0. 500	1 ⟹ 0
	106	1	0. 444	0 ⟶ 1
	107	1	1. 000	0 ⟹ 1
	109	1	0. 333	1 ⟹ 0
	110	1	0. 333	1 ⟹ 0
	128	1	0. 333	0 ⟹ 1
node_75 ⟶ node_73	5	1	0. 500	0 ⟹ 1
	7	1	0. 250	0 ⟶ 2
	11	1	1. 000	1 ⟹ 2
	16	1	0. 143	0 ⟶ 1
	43	1	0. 400	0 ⟶ 1
	48	1	1. 000	0 ⟹ 1
	52	1	0. 286	0 ⟶ 1
	54	1	0. 500	1 ⟹ 0
	56	1	0. 250	1 ⟹ 0
	86	1	0. 250	0 ⟹ 1
	88	1	0. 400	0 ⟹ 1

	98	1	1.000	0 $\Longrightarrow$ 1
	99	1	0.333	0 $\longrightarrow$ 1
	101	1	0.500	0 $\Longrightarrow$ 2
	102	1	0.500	0 $\longrightarrow$ 1
	108	1	1.000	0 $\Longrightarrow$ 1
	111	1	0.500	0 $\Longrightarrow$ 1
	113	1	0.333	0 $\Longrightarrow$ 1
	119	1	0.286	0 $\Longrightarrow$ 1
	120	1	0.400	0 $\longrightarrow$ 3
	122	1	0.167	0 $\Longrightarrow$ 1
	130	1	0.286	0 $\Longrightarrow$ 1
	132	1	0.167	0 $\Longrightarrow$ 1
	136	1	0.500	1 $\Longrightarrow$ 0
	137	1	0.500	1 $\Longrightarrow$ 0
	139	1	0.167	0 $\Longrightarrow$ 1
node_73 $\longrightarrow$ node_68	29	1	0.333	1 $\longrightarrow$ 3
	32	1	0.200	1 $\longrightarrow$ 0
	43	1	0.400	1 $\longrightarrow$ 2
	45	1	0.500	0 $\Longrightarrow$ 1
	47	1	0.667	0 $\longrightarrow$ 2
	52	1	0.286	1 $\longrightarrow$ 2
	72	1	0.333	0 $\Longrightarrow$ 1
	74	1	0.333	0 $\longrightarrow$ 1
	83	1	0.500	0 $\longrightarrow$ 1
	87	1	0.200	0 $\Longrightarrow$ 1

	89	1	0. 333	0 ⟶ 1
	106	1	0. 444	1 ⟶ 2
	114	1	0. 200	0 ⟶ 1
	116	1	0. 143	1 ⟶ 0
	117	1	0. 222	2 ⟶ 1
	126	1	0. 500	0 ⟹ 1
	127	1	0. 400	1 ⟹ 2
node_68 ⟶ node_67	2	1	0. 167	0 ⟹ 1
	24	1	0. 364	3 ⟹ 0
	95	1	0. 200	1 ⟶ 0
	96	1	0. 500	0 ⟶ 1
	97	1	0. 333	0 ⟹ 1
	130	1	0. 286	1 ⟹ 2
node_67 ⟶ node_66	1	1	0. 167	0 ⟹ 1
	75	1	0. 333	0 ⟹ 1
node_66 ⟶ node_65	7	1	0. 250	2 ⟶ 0
	61	1	0. 333	0 ⟹ 1
node_65 ⟶ node_64	132	1	0. 167	1 ⟹ 0
node_64 ⟶ node_63	2	1	0. 167	1 ⟶ 2
	15	1	0. 200	0 ⟹ 1
	22	1	0. 200	0 ⟹ 2
	38	1	0. 250	1 ⟹ 0
	53	1	0. 250	1 ⟶ 0
	67	1	0. 200	1 ⟹ 0
	112	1	0. 286	0 ⟹ 1

	115	1	0. 375	0 ⟹ 1
	117	1	0. 222	1 ⟶ 2
	119	1	0. 286	1 ⟹ 0
	120	1	0. 400	3 ⟹ 2
node_63 ⟶ node_62	10	1	0. 500	0 ⟹ 2
	65	1	0. 167	0 ⟶ 1
	130	1	0. 286	2 ⟶ 1
	139	1	0. 167	1 ⟶ 0
node_62 ⟶ node_61	1	1	0. 167	1 ⟹ 0
	3	1	0. 250	0 ⟹ 1
	7	1	0. 250	0 ⟹ 1
	23	1	0. 500	0 ⟹ 1
	42	1	0. 333	0 ⟶ 1
	44	1	0. 250	0 ⟶ 1
	49	1	0. 200	0 ⟶ 1
	59	1	0. 400	0 ⟶ 2
	66	1	0. 333	0 ⟹ 1
	68	1	0. 400	0 ⟹ 2
	72	1	0. 333	1 ⟹ 0
	75	1	0. 333	1 ⟹ 0
	87	1	0. 200	1 ⟶ 0
node_61 ⟶ node_59	29	1	0. 333	3 ⟹ 2
	35	1	0. 143	0 ⟶ 1
	58	1	0. 333	0 ⟹ 1
	61	1	0. 333	1 ⟹ 0

	71	1	0. 200	0 ⟹ 1
	89	1	0. 333	1 ⟹ 0
	101	1	0. 500	2 ⟶ 1
node_59 ⟶ node_53	45	1	0. 500	1 ⟶ 0
	55	1	1. 000	0 ⟹ 1
	56	1	0. 250	0 ⟹ 1
	85	1	0. 250	0 ⟶ 1
	93	1	0. 250	0 ⟶ 1
	119	1	0. 286	0 ⟹ 1
node_53 ⟶ node_49	15	1	0. 200	1 ⟹ 0
	17	1	0. 286	0 ⟹ 1
	19	1	1. 000	0 ⟶ 1
	34	1	1. 000	0 ⟹ 1
	43	1	0. 400	2 ⟹ 1
	52	1	0. 286	2 ⟹ 0
	68	1	0. 400	2 ⟹ 1
	82	1	0. 500	0 ⟹ 1
	95	1	0. 200	0 ⟶ 1
	96	1	0. 500	1 ⟶ 0
	103	1	0. 333	0 ⟶ 1
	106	1	0. 444	2 ⟶ 1
	115	1	0. 375	1 ⟹ 0
	120	1	0. 400	2 ⟶ 1
	126	1	0. 500	1 ⟹ 0
	127	1	0. 400	2 ⟹ 1

node_49 ⟶ Corosaurus	2	1	0. 167	2 ⟹ 0
	10	1	0. 500	2 ⟹ 0
	22	1	0. 200	2 ⟹ 0
	29	1	0. 333	2 ⟹ 1
	57	1	0. 125	0 ⟹ 1
	59	1	0. 400	2 ⟹ 1
	71	1	0. 200	1 ⟹ 0
	90	1	0. 250	0 ⟹ 1
	140	1	0. 600	3 ⟹ 0
node_49 ⟶ Cymatosaurus	4	1	0. 250	0 ⟹ 1
	9	1	0. 333	0 ⟹ 2
	23	1	0. 500	1 ⟹ {23}
	30	1	0. 500	0 ⟹ 1
	93	1	0. 250	1 ⟶ 0
	111	1	0. 500	1 ⟹ 0
	112	1	0. 286	1 ⟹ 0
	113	1	0. 333	1 ⟹ 0
	114	1	0. 200	1 ⟹ 0
node_53 ⟶ node_52	24	1	0. 364	0 ⟹ 1
	35	1	0. 143	1 ⟶ 0
	40	1	0. 167	1 ⟹ 0
	42	1	0. 333	1 ⟶ 0
	67	1	0. 200	0 ⟶ 1
	121	1	1. 000	0 ⟹ 1
	122	1	0. 167	1 ⟶ 0

	132	1	0. 167	0 ⟹ 1
node_52 ⟶ Simosaurus	3	1	0. 250	1 ⟹ 0
	7	1	0. 250	1 ⟹ 0
	9	1	0. 333	0 ⟹ 1
	16	1	0. 143	1 ⟹ 0
	49	1	0. 200	1 ⟹ 0
	59	1	0. 400	2 ⟹ 0
	66	1	0. 333	1 ⟹ 0
	112	1	0. 286	1 ⟹ 0
	116	1	0. 143	0 ⟹ 1
node_52 ⟶ node_51	4	1	0. 250	0 ⟹ 1
	12	1	0. 500	0 ⟹ 1
	19	1	1. 000	0 ⟹ 2
	28	1	1. 000	0 ⟹ 1
	44	1	0. 250	1 ⟶ 0
	45	1	0. 500	0 ⟶ 1
	72	1	0. 333	0 ⟶ 1
	75	1	0. 333	0 ⟶ 1
	85	1	0. 250	1 ⟶ 0
	89	1	0. 333	0 ⟶ 1
	101	1	0. 500	1 ⟶ 2
	141	1	1. 000	0 ⟶ 1
node_51 ⟶ Germanosaurus	15	1	0. 200	1 ⟹ 0
	17	1	0. 286	0 ⟹ 1
	22	1	0. 200	2 ⟹ 1

	68	1	0. 400	2 ⟹ 1
node_51 ⟶ node_50	18	1	1. 000	1 ⟶ 2
	23	1	0. 500	1 ⟹ 2
	42	1	0. 333	0 ⟶ 1
	67	1	0. 200	1 ⟶ 0
node_50 ⟶ Nothosaurus	24	1	0. 364	1 ⟹ 2
node_50 ⟶ Lariosaurus	52	1	0. 286	2 ⟹ 1
	88	1	0. 400	1 ⟹ 2
	93	1	0. 250	1 ⟶ 0
	120	1	0. 400	2 ⟹ 3
	122	1	0. 167	0 ⟶ 1
	130	1	0. 286	1 ⟹ 0
node_59 ⟶ node_58	16	1	0. 143	1 ⟹ 0
	21	1	0. 333	0 ⟶ 1
	23	1	0. 500	1 ⟹ 3
	24	1	0. 364	0 ⟶ 2
	30	1	0. 500	0 ⟹ 2
	50	1	0. 500	0 ⟶ 1
	57	1	0. 125	0 ⟶ 1
	65	1	0. 167	1 ⟶ 0
	76	1	0. 333	0 ⟹ 1
	97	1	0. 333	1 ⟶ 0
	106	1	0. 444	2 ⟶ 3
	118	1	0. 333	0 ⟶ 1
	120	1	0. 400	2 ⟶ 4

	130	1	0.286	1 ⟶ 0
node_58 ⟶ node_57	2	1	0.167	2 ⟹ 0
	7	1	0.250	1 ⟹ 2
	9	1	0.333	0 ⟶ 1
	22	1	0.200	2 ⟶ 0
	24	1	0.364	2 ⟶ 3
	33	1	1.000	0 ⟶ 1
	41	1	1.000	0 ⟹ 1
	42	1	0.333	1 ⟶ 2
	43	1	0.400	2 ⟶ 1
	45	1	0.500	1 ⟶ 2
	68	1	0.400	2 ⟹ 1
	80	1	0.333	0 ⟹ 1
	82	1	0.500	0 ⟶ 1
	110	1	0.333	0 ⟹ 1
	115	1	0.375	1 ⟹ 3
	116	1	0.143	0 ⟹ 1
	125	1	0.167	1 ⟶ 0
	135	1	0.500	1 ⟶ 0
node_57 ⟶ node_56	3	1	0.250	1 ⟹ 2
	9	1	0.333	1 ⟶ 2
	15	1	0.200	1 ⟹ 0
	47	1	0.667	2 ⟹ 1
	57	1	0.125	1 ⟶ 0
	73	1	1.000	0 ⟹ 1

node_56 ⟶ node_54	13	1	1. 000	0 ⟹ 1
	16	1	0. 143	0 ⟹ 1
	17	1	0. 286	0 ⟹ 2
	52	1	0. 286	2 ⟹ 0
	78	1	1. 000	0 ⟹ 1
	112	1	0. 286	1 ⟶ 2
	119	1	0. 286	0 ⟹ 1
	120	1	0. 400	4 ⟶ 0
	125	1	0. 167	0 ⟶ 1
node_54 ⟶ Augustasaurus	40	1	0. 167	1 ⟹ 0
	68	1	0. 400	1 ⟹ 2
node_54 ⟶ Pistosaurus	22	1	0. 200	0 ⟶ 1
	50	1	0. 500	1 ⟹ 0
	65	1	0. 167	0 ⟶ 1
	76	1	0. 333	1 ⟹ 0
	80	1	0. 333	1 ⟹ 0
	103	1	0. 333	0 ⟹ 1
node_56 ⟶ node_55	7	1	0. 250	2 ⟶ 0
	59	1	0. 400	2 ⟶ 0
	66	1	0. 333	1 ⟶ 0
	67	1	0. 200	0 ⟶ 1
	74	1	0. 333	1 ⟹ 0
	106	1	0. 444	3 ⟶ 4
	114	1	0. 200	1 ⟹ 0
node_55 ⟶ Plesiosaurus	3	1	0. 250	2 ⟹ 0

node_55 ⟶ Bobosaurus	71	1	0. 200	1 ⟹ 0
	76	1	0. 333	1 ⟹ 0
node_57 ⟶ Yunguisaurus	4	1	0. 250	0 ⟹ 1
	17	1	0. 286	0 ⟹ 1
	21	1	0. 333	1 ⟶ 0
	22	1	0. 200	0 ⟶ 1
	52	1	0. 286	2 ⟹ 1
	58	1	0. 333	1 ⟹ 0
	65	1	0. 167	0 ⟶ 1
	103	1	0. 333	0 ⟹ 1
	134	1	0. 333	1 ⟹ 0
node_58 ⟶ Wangosaurus	3	1	0. 250	1 ⟹ 0
	44	1	0. 250	1 ⟶ 0
	88	1	0. 400	1 ⟹ 2
	132	1	0. 167	0 ⟹ 1
node_61 ⟶ node_60	2	1	0. 167	2 ⟶ 1
	14	1	0. 250	0 ⟶ 1
	17	1	0. 286	0 ⟶ 1
	22	1	0. 200	2 ⟶ 1
	30	1	0. 500	0 ⟶ 1
	38	1	0. 250	0 ⟶ 1
	95	1	0. 200	0 ⟹ 1
	100	1	0. 333	1 ⟹ 0
	120	1	0. 400	2 ⟶ 3
	127	1	0. 400	2 ⟶ 1

	130	1	0. 286	1 ⟶ 2
	139	1	0. 167	0 ⟶ 1
node_60 ⟶ Diandongosaurus	116	1	0. 143	0 ⟹ 1
	117	1	0. 222	2 ⟶ 1
	119	1	0. 286	0 ⟹ 2
node_60 ⟶ Majiashanosaurus	87	1	0. 200	0 ⟶ 1
	92	1	0. 500	0 ⟹ 1
	106	1	0. 444	2 ⟹ 0
node_62 ⟶ Keichousaurus	2	1	0. 167	2 ⟹ 0
	9	1	0. 333	0 ⟹ 1
	24	1	0. 364	0 ⟹ 3
	27	1	0. 333	1 ⟹ 0
	32	1	0. 200	0 ⟹ 1
	57	1	0. 125	0 ⟹ 1
	116	1	0. 143	0 ⟹ 1
	117	1	0. 222	2 ⟶ 1
	122	1	0. 167	1 ⟹ 0
node_63 ⟶ Dianopachysaurus	17	1	0. 286	0 ⟹ 1
node_64 ⟶ Anarosaurus – Dact	87	1	0. 200	1 ⟹ 0
	114	1	0. 200	1 ⟹ 0
	122	1	0. 167	1 ⟹ 0
node_65 ⟶ Serpianosaurus – N	97	1	0. 333	1 ⟹ 0
node_66 ⟶ Qianxisaurus	32	1	0. 200	0 ⟶ 1
	87	1	0. 200	1 ⟹ 0
	88	1	0. 400	1 ⟹ 2

	106	1	0.444	2 ⟶ 1
	115	1	0.375	0 ⟹ 3
	119	1	0.286	1 ⟹ 2
	125	1	0.167	1 ⟹ 0
	139	1	0.167	1 ⟹ 0
node_67 ⟶ Wumengosaurus	3	1	0.250	0 ⟹ 2
	7	1	0.250	2 ⟹ 1
	30	1	0.500	0 ⟹ 1
	112	1	0.286	0 ⟹ 1
	120	1	0.400	3 ⟶ 0
node_68 ⟶ Hanosaurus	8	1	0.250	0 ⟹ 1
	15	1	0.200	0 ⟹ 1
	22	1	0.200	0 ⟹ 1
	44	1	0.250	0 ⟹ 1
	93	1	0.250	0 ⟹ 1
	123	1	0.333	1 ⟹ 0
node_73 ⟶ node_72	3	1	0.250	0 ⟹ 1
	4	1	0.250	0 ⟶ 1
	22	1	0.200	0 ⟶ 2
	35	1	0.143	0 ⟶ 1
	51	1	1.000	0 ⟹ 1
	57	1	0.125	0 ⟹ 1
	59	1	0.400	0 ⟶ 2
	65	1	0.167	0 ⟹ 1
	80	1	0.333	0 ⟶ 1

	81	1	0. 333	0 ⟶ 1
	92	1	0. 500	0 ⟶ 1
	140	1	0. 600	3 ⟹ 1
node_72 ⟶ node_71	63	1	1. 000	0 ⟹ 1
	64	1	1. 000	0 ⟹ 1
node_71 ⟶ node_70	2	1	0. 167	0 ⟹ 2
	29	1	0. 333	1 ⟶ 2
	31	1	0. 333	2 ⟹ 0
	35	1	0. 143	1 ⟶ 0
	36	1	0. 167	1 ⟶ 0
	70	1	0. 500	1 ⟶ 0
	102	1	0. 500	1 ⟶ 0
	120	1	0. 400	3 ⟶ 1
	138	1	0. 600	0 ⟹ 2
	139	1	0. 167	1 ⟹ 0
	140	1	0. 600	1 ⟹ 2
node_70 ⟶ Psephoderma	3	1	0. 250	1 ⟹ 2
	9	1	0. 333	0 ⟹ 1
	10	1	0. 500	0 ⟹ 2
	12	1	0. 500	0 ⟹ 1
	115	1	0. 375	0 ⟹ 2
	117	1	0. 222	2 ⟹ 0
node_70 ⟶ node_69	7	1	0. 250	2 ⟹ 1
	21	1	0. 333	0 ⟹ 1
	49	1	0. 200	0 ⟹ 1

	106	1	0. 444	1 ⟶ 0
	112	1	0. 286	0 ⟹ 1
	130	1	0. 286	1 ⟶ 2
	132	1	0. 167	1 ⟶ 0
node_69 ⟶ Cyamodus	37	1	0. 500	1 ⟹ 0
	40	1	0. 167	1 ⟶ 0
	44	1	0. 250	0 ⟹ 1
	65	1	0. 167	1 ⟹ 0
	125	1	0. 167	1 ⟹ 0
node_69 ⟶ Placodus	8	1	0. 250	0 ⟹ 1
	14	1	0. 250	0 ⟹ 1
	24	1	0. 364	3 ⟹ 0
	35	1	0. 143	0 ⟶ 1
	36	1	0. 167	0 ⟶ 1
	47	1	0. 667	0 ⟹ 1
	53	1	0. 250	1 ⟹ 0
	85	1	0. 250	0 ⟹ 1
	101	1	0. 500	2 ⟹ 1
	119	1	0. 286	1 ⟹ 2
	122	1	0. 167	1 ⟹ 0
	138	1	0. 600	2 ⟹ 1
node_71 ⟶ Paraplacodus	14	1	0. 250	0 ⟹ 1
	38	1	0. 250	1 ⟹ 0
	58	1	0. 333	0 ⟹ 1
	61	1	0. 333	0 ⟹ 1

	99	1	0. 333	1 ⟶ 0
	118	1	0. 333	0 ⟹ 1
node_72 ⟶ Palatodonta	10	1	0. 500	0 ⟹ 1
	24	1	0. 364	3 ⟹ 0
node_75 ⟶ node_74	2	1	0. 167	0 ⟶ 2
	29	1	0. 333	1 ⟹ 0
	31	1	0. 333	2 ⟶ 0
	36	1	0. 167	1 ⟶ 0
	40	1	0. 167	1 ⟶ 0
	46	1	0. 333	1 ⟶ 0
	60	1	0. 500	1 ⟶ 0
	69	1	0. 333	1 ⟶ 0
	95	1	0. 200	1 ⟹ 0
	117	1	0. 222	2 ⟹ 0
	124	1	0. 500	1 ⟶ 0
	127	1	0. 400	1 ⟹ 0
	134	1	0. 333	1 ⟶ 0
	138	1	0. 600	0 ⟹ 3
node_74 ⟶ Testudines	106	1	0. 444	1 ⟶ 0
	120	1	0. 400	0 ⟹ {12}
	125	1	0. 167	1 ⟹ 0
node_74 ⟶ Odontochelys	1	1	0. 167	0 ⟶ 1
	24	1	0. 364	3 ⟹ 4
	102	1	0. 500	0 ⟹ 2
	118	1	0. 333	0 ⟹ 1

	123	1	0. 333	1 ==> 0
node_79 ——> Hovasaurus	44	1	0. 250	0 ==> 2
	94	1	0. 500	1 ——> 0
	115	1	0. 375	0 ==> 2
	132	1	0. 167	0 ==> 1